Förderheft Mathematik

Sekundarstufe 1

Ernst Klett Verlag
Stuttgart · Leipzig

Inhaltsverzeichnis

Die Lösungen zu allen Aufgaben findest
du unter www.klett.de.
Einfach den Code ins Suchfeld eingeben:

yi46xu

In den Kästen mit dem Uhrensymbol findest du Informationen, die du für die Bearbeitung der Aufgaben auf der jeweiligen Seite benötigst. Die Informationen werden durch konkrete Aufgabenbeispiele erläutert.

Bei Aufgaben, die mit diesem Symbol gekennzeichnet sind, müssen Nebenrechnungen auf einem seperaten Blatt gerechnet werden.

Für die Bearbeitung der Aufgaben mit diesem Symbol wird ein Taschenrechner benötigt.

T   Bei Seiten, die im Inhaltsverzeichnis mit diesem Symbol gekennzeichnet sind, handelt es sich um Testseiten mit Aufgaben zum jeweiligen Kapitel oder Lernabschnitt. Die Aufgaben sind jeweils in drei Schwierigkeitsstufen aufgeteilt (leicht - mittel - schwer). Die Testseiten eignen sich zur Überprüfung des Gelernten. Um eine Selbstkontrolle zu ermöglichen, sind die Lösungen zu den Testseiten auf den Seiten 77 und 78 abgedruckt. Darüber hinaus eignen sich die Testseiten auch zur Lernstandsfeststellung.

Zahlen in der Stellenwerttafel

Mit den Ziffern 1, 2, 3, 4, 5, 6, 7, 8, 9 und 0 lassen sich alle Zahlen darstellen.

Millionen Mio			Tausender T						
H	Z	E	H	Z	E	H	Z	E	
						5	6	5	= 565
			3	2	5	0	7	5	= 325 075
1	8	0	0	5	0	1	5		= 18 005 015

Zahl 42 → 4 2 → Ziffer Ziffer

Kommazahlen (1,923; 6,58; 0,21) werden auch **Dezimalzahlen** genannt.
Die Stellenwerttafel wird nach rechts erweitert.

Hunderter H	Zehner Z	Einer E	Zehntel z	Hundertstel h	Tausendstel t	
	1	9	4	3	7	= 19,437
		6	5	8		= 6,58
		0	0	2	1	= 0,021

1 Trage die Zahl in die Stellenwerttabelle ein.

	Millionen			Tausender					
	H	Z	E	H	Z	E	H	Z	E
a)				4	1	2	0	0	1
b)									
c)									
d)									
e)									
f)									

a) vierhundertzwölftausendeins

b) vierhundertzehn Millionen siebenhundertzehntausendsiebzehn

c) einundzwanzig Millionen achthundertfünfundvierzigtausendachthunderteins

d) vierhunderteins Millionen siebzehntausendsiebzehn

e) fünf Millionen fünftausendfünf

f) einundzwanzig Millionen vierundachtzigtausendfünfhunderteinundachtzig

2 Fülle die Tabelle aus.

	Tausender T	Hunderter H	Zehner Z	Einer E	Zehntel z	Hundertstel h	Tausendstel t	Zerlegung
176,320	0	1	7	6	3	2	0	1H + 7Z + 6E + 3z + 2h
2304,020								
	1	4	3	2	0	2	1	
								5T + 8E + 7z + 9h
981,001								
		9	1	7	5	0	0	

Zahlen auf dem Zahlenstrahl

Auf einem **Zahlenstrahl** werden die Zahlen der Größe nach angeordnet.

$$-6 \quad -5 \quad -4 \quad -3 \quad -2 \quad -1 \quad 0 \quad +1 \quad +2 \quad +3 \quad +4 \quad +5 \quad +6$$

negative Zahlen ← → positive Zahlen

Auch **Dezimalzahlen** lassen sich darstellen. Dazu muss der Zahlenstrahl in weitere Einheiten unterteilt werden.

$$-4 \qquad -2,5 \qquad -0,7 \quad +0,5 \qquad +2,4 \qquad\qquad +4,5$$

$$-6 \quad -5 \quad -4 \quad -3 \quad -2 \quad -1 \quad 0 \quad +1 \quad +2 \quad +3 \quad +4 \quad +5 \quad +6$$

> Auf dem Zahlenstrahl werden die Zahlen von links nach rechts immer größer:
>
> -3 steht links von $+2$, also $-3 < +2$ („ist kleiner als").
>
> -1 steht rechts von -6, also $-1 > -6$ („ist größer als").

---

1 Auf welche Zahlen zeigen die Pfeile?

a)

$$-100 \qquad\qquad -50 \qquad\qquad 0 \qquad\qquad 50 \qquad\qquad 100$$

b)

$$-1 \qquad\qquad\qquad\qquad 0 \qquad\qquad\qquad\qquad 1$$

> **Zahlenstrahl zeichnen**
> 1. Länge des Zahlenstrahls und Länge der Einheiten bestimmen, z. B.
>   1 Einheit ≙ 1 cm
>   1 Einheit ≙ 5 cm …
> 2. Zahlenstrahl zeichnen.
> 3. Markierungen einzeichnen.
> 4. Zahlen eintragen.

---

2 Vergleiche die Zahlen. Schreibe < oder > in das Kästchen.

a) $-6 \;\square\; -4$ b) $7 \;\square\; -3$ c) $2 \;\square\; -5$ d) $-1,5 \;\square\; -0,5$

e) $0,7 \;\square\; 2,4$ f) $-5,7 \;\square\; -7,5$ g) $1,3 \;\square\; -3,1$ h) $-0,1 \;\square\; 0,01$

> \> bedeutet: ist größer als
> < bedeutet: ist kleiner als

---

3 Zeichne einen Zahlenstrahl und trage die vorgegebenen Zahlen ein.

a) -7 $4,5$ 2 -3 -4 0 $-1,5$ $-5,5$ 3

b) 25 -30 20 -15 5 0 -10

Runden von Zahlen

1 Entscheide, ob das Runden hier sinnvoll ist.

	ja	nein
Das Auto kostet 20 199 Euro.	○	○
Das Haus hat die Hausnummer 199.	○	○
Island hat 293 292 Einwohner.	○	○
Jesus Christus hatte 12 Apostel.	○	○
Der Weltrekord für 100 m Sprint der Herren beträgt 9,77 Sekunden.	○	○
Der Kleinwagen wiegt 815,9 kg.	○	○

Die Ziffer rechts von der **Rundungsstelle** ist entscheidend.
- bei 0, 1, 2, 3 oder 4, wird abgerundet.
- bei 5, 6, 7, 8 oder 9, wird aufgerundet.

auf Zehner: 21 2**3**5 ≈ 21 240 (aufgerundet)
auf Hunderter: 21 **2**35 ≈ 21 200 (abgerundet)
auf Tausender: 2**1** 235 ≈ 21 000 (abgerundet)

Beim Runden von Dezimalzahlen gelten die gleichen Regeln:
auf Zehntel: 36,**4**72 ≈ 36,5 (aufgerundet)
auf Hundertstel: 36,4**7**2 ≈ 36,47 (abgerundet)

Das Zeichen ≈ bedeutet „ist ungefähr".

2 Runde.

a)

	6 546	21 496	3 458	96 437
auf Zehner				
auf Hunderter				
auf Tausender				

b)

	658 725	94 800	209 500	49 957
auf Tausender				
auf Zehntausender				
auf Hunderttausenderer				

3 Runde die Einwohnerzahlen auf Millionen mit zwei Nachkommastellen und sortiere die Städte nach ihrer Größe.

	Einwohnerzahl	gerundet
Hamburg	1 734 830	
Berlin	3 387 828	3,39
Dortmund	588 680	
Stuttgart	591 657	
München	1 249 176	
Dresden	487 421	
Köln	969 709	
Leipzig	498 491	

Rang	Stadt	Einwohner in Mio.
1	Berlin	3,39

6

Schätzen und überschlagen

1 Schätze das Gewicht der Tiere und ordne die passenden Gewichte zu.

Elefant	750 kg
Blaumeise	5 t
Kuh	60 kg
Katze	10 g
Schaf	8 kg

Nicht immer ist es möglich, eine Größe genau anzugeben. Eine ungefähre Vorstellung erhält man durch **schätzen**.

2 Welche orange Strecke ist länger, die obere oder die untere? Schätze zunächst und miss dann.

a)   b)

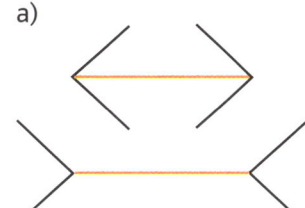

Eine Rechnung mit gerundeten Zahlen heißt **Überschlagsrechnung**.
Gerundete Zahlen geben nur ein ungefähres Ergebnis, lassen sich aber leichter im Kopf zusammenrechnen.

Aufgabe: $1376 + 712 = 2088$ $713 - 89 = 624$
Überschlag: $1400 + 700 \approx 2100$ $700 - 100 \approx 600$

3 Führe eine Überschlagsrechnung durch.

a) $83 + 47$ $\approx$ $80 + 50 \approx 130$ b) $811 - 385$ $\approx$ _____

c) $87 + 52 + 79 \approx$ _____   d) $471 + 288$ $\approx$ _____

e) $2783 - 219$ $\approx$ _____   f) $7078 - 4139$ $\approx$ _____

g) $82 + 58 + 71 \approx$ _____   h) $72652 + 21675 \approx$ _____

4 Kontrolliere mit einer Überschlagsrechnung, ob das Ergebnis stimmen kann oder eindeutig falsch ist.

Aufgabe	Überschlagsrechnung	kann stimmen/falsch
a) $729 + 582 + 433 = 1744$	$700 + 600 + 400 = 1700$	kann stimmen
b) $8971 - 1893 = 8078$		
c) $95 + 634 + 178 = 907$		
d) $827 + 386 + 507 = 1720$		
e) $7856 - 5972 = 3884$		
f) $8329 - 718 = 7611$		

Kopfrechnen: Addieren und subtrahieren

Addieren (+)				Subtrahieren (−)			
Summand	plus	Summand	= Summe	Minuend	minus	Subtrahend	= Differenz
48	+	37	= 85	85	−	37	= 48

1 Zerlege die Aufgabe so, dass du im Kopf rechnen kannst. Hinweis: Hier gibt es unterschiedliche Lösungswege!

a) 78 + 33 = 78 + 2 + 31 = 111

b) 618 + 33 = _____

b) 91 − 27 = _____

c) 227 + 54 = _____

d) 243 − 29 = _____

e) 553 + 26 = _____

2 Rechne von außen nach innen.

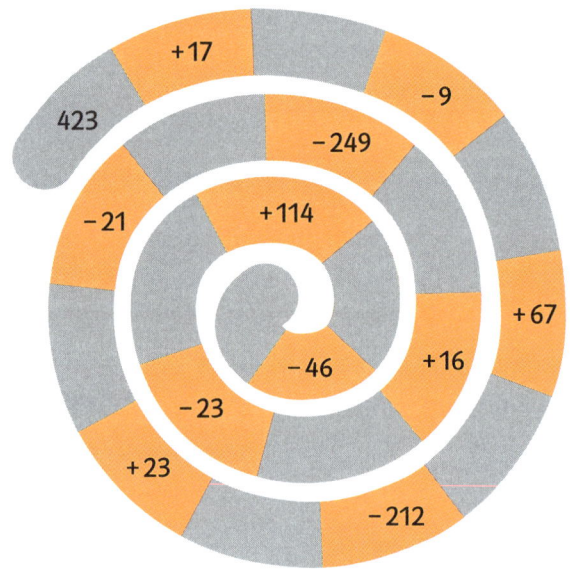

3 Berechne im Kopf.

a) 75 + 28 =

b) 67 + 25 =

c) 49 + 43 =

d) 87 − 34 =

e) 154 + 38 =

f) 237 − 52 =

g) 486 + 52 =

h) 795 − 67 =

i) 89 + 56 =

j) 67 + 48 =

k) 91 + 75 =

l) 143 − 72 =

m) 347 + 74 =

n) 831 + 87 =

o) 347 − 76 =

p) 671 − 88 =

q) 433 + 106 =

r) 788 + 203 =

s) 522 − 104 =

t) 677 − 102 =

u) 844 − 295 =

4 Knacke die Zahlenmauern. Zwei benachbarte Steine addiert ergeben das Ergebnis darüber.

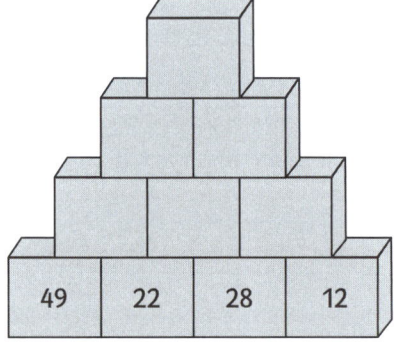

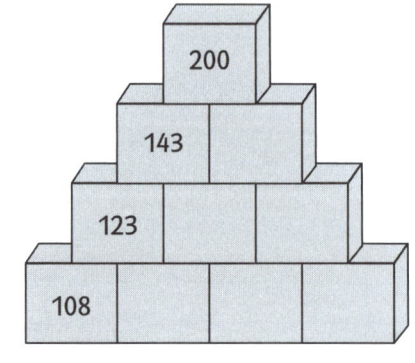

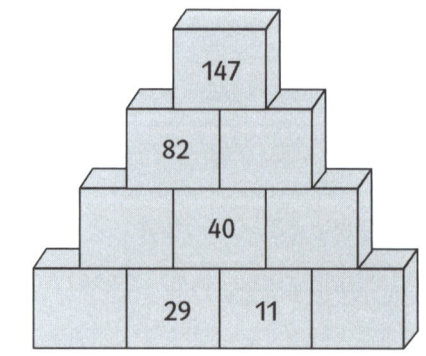

8

Schriftliches Addieren (+)

1. Schritt: Zahlen stellengerecht untereinander
schreiben.

2. Schritt: Stellenweise berechnen (in der rechten Spalte
beginnen) und Übertrag notieren.

3. Schritt: Das Ergebnis doppelt unterstreichen.

Mit einer Überschlagsrechnung kannst du das Ergebnis kontrollieren.

Beispiel: 6147 + 909

```
    6  1  4  7
 +     9  0  9
       1     1   ← Übertrag
    7  0  5  6
```

Ü: 6 000 + 1 000 = 7 000
Ergebnis kann stimmen.

---

1 Löse die Aufgaben der Reihe nach. Berechne zur Kontrolle den Überschlag.

a)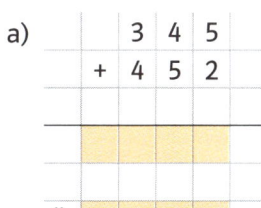
```
    3  4  5
 +  4  5  2
```
Ü:

b)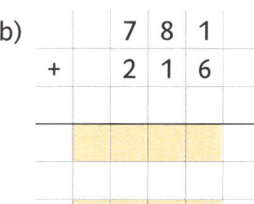
```
    7  8  1
 +  2  1  6
```
Ü:

c)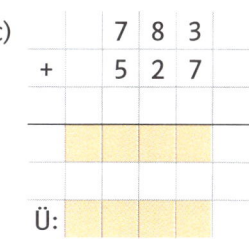
```
    7  8  3
 +  5  2  7
```
Ü:

d)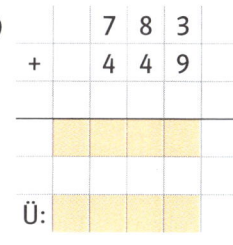
```
    7  8  3
 +  4  4  9
```
Ü:

e)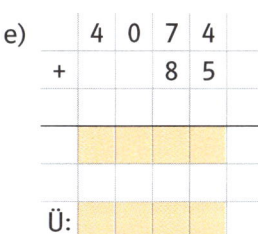
```
    4  0  7  4
 +        8  5
```
Ü:

f)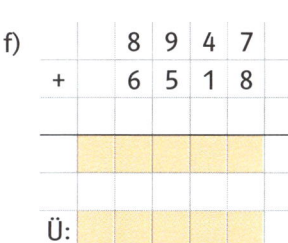
```
    8  9  4  7
 +  6  5  1  8
```
Ü:

g)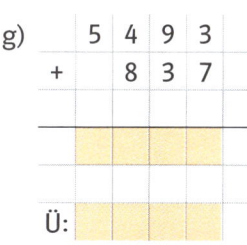
```
    5  4  9  3
 +     8  3  7
```
Ü:

h)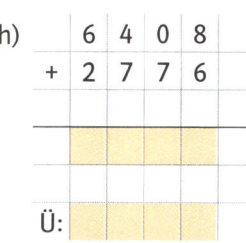
```
    6  4  0  8
 +  2  7  7  6
```
Ü:

---

2 Schreibe die Aufgaben stellengerecht untereinander und berechne.

a) 7076 + 5673 + 113
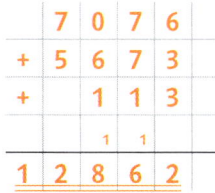
```
    7  0  7  6
 +  5  6  7  3
 +     1  1  3
       1     1
 1  2  8  6  2
```

b) 860 + 5071 + 1405
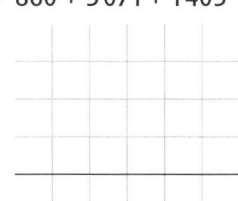

c) 809 + 4826 + 1435
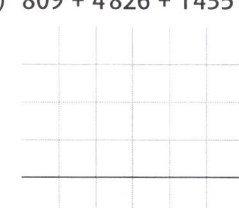

d) 7210 + 847 + 3528
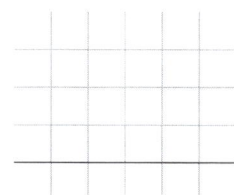

e) 8973 + 3142 + 12
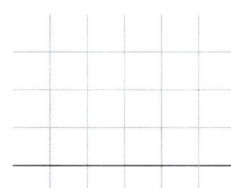

f) 9002 + 4890 + 422
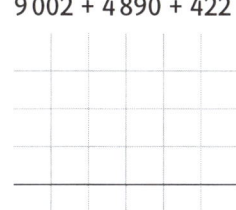

g) 7166 + 1465 + 2976
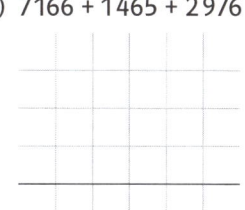

h) 9678 + 2374 + 173
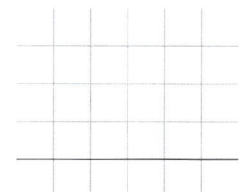

---

3 Welche Zahlen musst du in die Felder einsetzen?

a)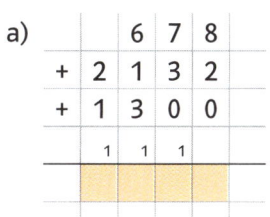
```
       6  7  8
 +  2  1  3  2
 +  1  3  0  0
       1  1  1
```

b)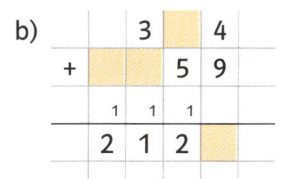
```
       3     4
 +        5  9
    1  1  1
    2  1  2
```

c)
```
       7     8
 +  1  3  0
 +     1  2  1
    1  1  1
    6     2  3
```

d)
```
          8  6
 +  1     0  9
 +     4     1
       1     1
    6  5  9  8
```

9

1. Schritt: Zahlen stellengerecht untereinander schreiben.

2. Schritt: Stellenweise ergänzen, zuerst die Einer, dann die Zehner, Hunderter… Übertrag notieren.

3. Schritt: Das Ergebnis doppelt unterstreichen.

Mit der Überschlagsrechnung kannst du dein Ergebnis kontrollieren.

Beispiel: 7219 – 587

	7	2	1	9
–		5	8	7
		1	1	
	6	6	3	2

Ü: 7200 – 600 = 6 600
Ergebnis kann stimmen.

Beispiel: 778 – 623 – 176

	9	7	8
–	6	2	3
–	1	7	6
		1	1
	1	7	9

im Kopf stellenweise addieren und zur oberen Zahl ergänzen

Ü: 1000 – 600 – 200 = 200
Ergebnis kann stimmen.

1 Berechne und kontrolliere mit dem Überschlag.

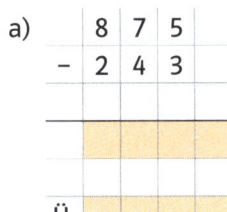

a)

	8	7	5
–	2	4	3

Ü:

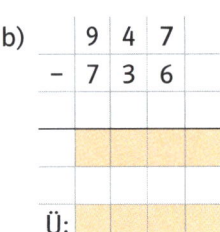

b)

	9	4	7
–	7	3	6

Ü:

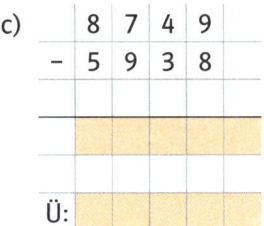

c)

	8	7	4	9
–	5	9	3	8

Ü:

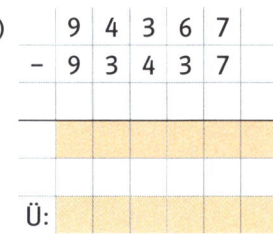

d)

	9	4	3	6	7
–	9	3	4	3	7

Ü:

2 Schreibe die Aufgaben stellengerecht untereinander und berechne.

a) 949 – 547   b) 903 – 485   c) 7563 – 3841   d) 8126 – 7438   e) 86732 – 12906

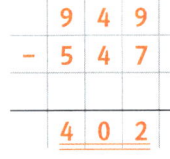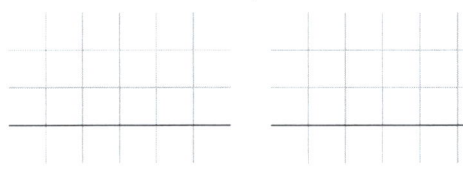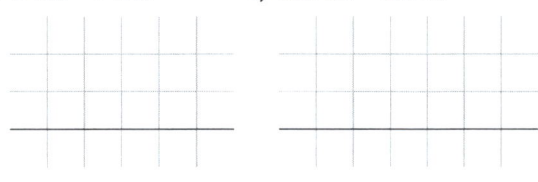

a)

	9	4	9
–	5	4	7
	4	0	2

f) 8756 – 2142 – 3513   g) 7865 – 2973 – 1094   h) 8 087 – 2308 – 3670   i) 7564 – 658 – 1056

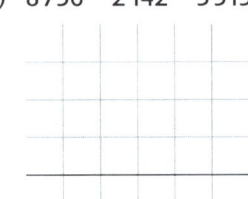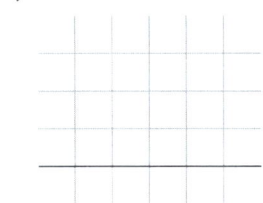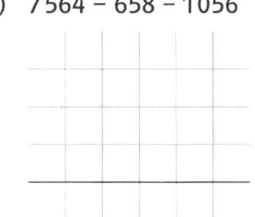

3 Berechne und runde das Ergebnis.

Berechnung:	2 3 7 6 6	1 3 9 5 6 7	8 9 7 5 3 3
	– 1 2 4 8 7	– 1 0 1 0 1 0	– 1 2 0 1 5 9
	– 6 5 7 8	– 5 3 7 0	– 7 6 0 2 3 1
Runde das Ergebnis			
I. auf 100er			
II. auf 1000er			
III. auf 10 000er			

Dezimalzahlen schriftlich addieren und subtrahieren

Dezimalzahlen (Kommazahlen) müssen beim schriftlichen Rechnen **stellengerecht untereinander** geschrieben werden.
- Komma steht unter Komma.
- Wenn notwendig, Nullen ergänzen.
- Stellenweise berechnen, Überträge notieren.

Beispiel Addition

$0{,}97 + 23{,}4 + 5{,}046$

		0,	9	7	0
+	2	3,	4	0	0
+		5,	0	4	6
			1	1	
	2	9,	4	1	6

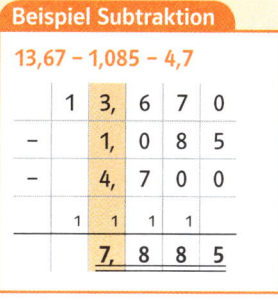

Beispiel Subtraktion

$13{,}67 - 1{,}085 - 4{,}7$

	1	3,	6	7	0
−		1,	0	8	5
−		4,	7	0	0
	1	1	1	1	
		7,	8	8	5

1 Schreibe stellengerecht untereinander und berechne.

a) $17{,}2 + 29{,}3$

b) $21{,}91 - 17{,}82$

c) $0{,}932 + 0{,}76$

d) $0{,}7653 - 0{,}275$

e) $36{,}78 + 17{,}29 + 6{,}935$

f) $0{,}073 + 0{,}107 + 2{,}377$

g) $372{,}6 + 69{,}58 + 208{,}4$

h) $78{,}96 - 12{,}23 - 23{,}61$

2 Welche Ziffern fehlen in den Berechnungen?

a)
	5	3	6,	2	
+	2		1,		6
	1		1	1	
		0		2	5

b)
	7	0,		2	
−		6,	8		3
	1		1	1	
	4		0	4	8

c)
	0,	7			4
+	0,		1	9	7
	1		1	1	
			3	5	0

d)
		,	5	4	6	9
−	0,	2			7
				1	1
	0,		5	9	

3 Berechne den Rechnungsbetrag auf dem Kassenzettel.
Wie viel Euro muss der Kunde bezahlen, wie viel Geld bekommt er zurück?

Ideal Baumarkt
Am Güterbahnhof 3

Schrauben	14,87 €
Kleister	3,45 €
Stift	0,86 €
3 Dachlatten	7,74 €
Holzplatte	9,95 €
Leim	6,30 €

SUMME		€

=======

BARGELD	50,00 €
ZURÜCK		€

4 Sarah hat einen Fahrradcomputer, der die gefahrenen Kilometer anzeigt.

a) Berechne die Länge der gefahrenen Strecken.

1. Strecke:

2. Strecke:

Start:

307.9

398.6

423.1

b) Wie viel Kilometer muss Sarah noch fahren, bis der Computer 500 km anzeigt?

Rechnung: _____

Antwort: _____

Zunahmen lassen sich mit einem **Plus-Zeichen** ausdrücken, **Abnahmen** mit einem **Minus-Zeichen**.

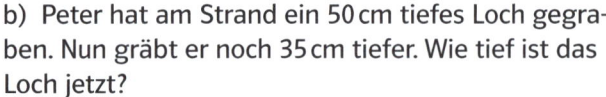

$$-3\,°C \xrightarrow{+6\,°C} +3\,°C \text{ (Zunahme)}$$

$$+4\,°C \xrightarrow{-11\,°C} -7\,°C \text{ (Abnahme)}$$

1 Finde zu den Sätzen eine passende Aufgabe. Markiere die Wörter, die dir Auskunft über die Rechnung geben. Überlege, ob es sich um eine Zunahme oder um eine Abnahme handelt.

a) Morgens stand das Thermometer bei −12 °C, bis zum Mittag stieg die Temperatur um 8 °C. Wie viel Grad hat es mittags?

$$-12\,°C \xrightarrow{+8\,°C} -4\,°C$$

b) Peter hat am Strand ein 50 cm tiefes Loch gegraben. Nun gräbt er noch 35 cm tiefer. Wie tief ist das Loch jetzt?

c) Sven hat 7 € Schulden und bekommt 20 € von seiner Tante. Wie viel Geld hat Sven jetzt?

d) In München ist es −7 °C kalt, in Hamburg ist es 11 °C wärmer. Wie viel Grad hat es in Hamburg?

e) Ein mit 80 km/h fahrendes Auto verringert seine Geschwindigkeit um 30 km/h. Wie schnell fährt das Auto?

f) Herr Engel fährt mit dem Aufzug vom 13. Stockwerk 8 Etagen nach unten. In welcher Etage ist Herr Engel?

g) Thomas hat 50 Euro Schulden und leiht sich noch einmal 30 Euro. Wie viel Euro Schulden hat Thomas?

h) Ein Bergsteiger steigt vom 8 400 m hohen Gipfel 2 500 m ab. Auf wie viel Meter ist der Bergsteiger nun?

2 Die Karte zeigt die durchschnittlichen Tages- und Nachttemperaturen deutscher Städte. Berechne den Temperatur-Unterschied für jede Stadt.

Stadt	Temperatur-Unterschied
Hamburg	8,3 °C

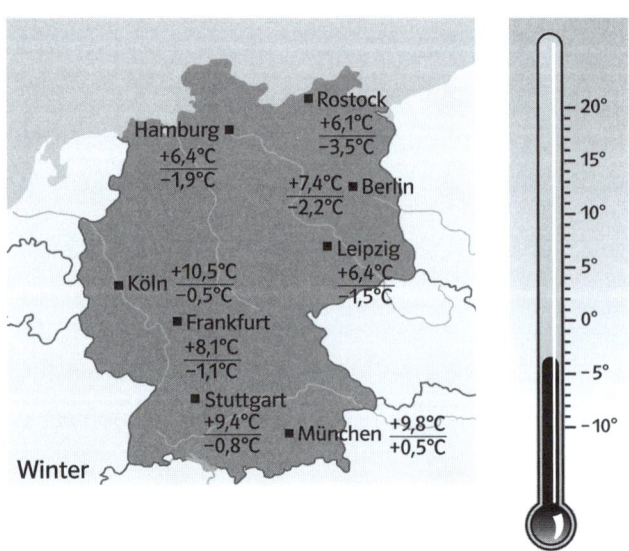

Textaufgaben lesen und verstehen

Schritte beim Lösen von Textaufgaben:

1. Die Aufgabe genau durchlesen.
2. Markieren: Was ist gegeben?
3. Markieren: Was ist gesucht?
4. Rechenweg suchen und berechnen.
5. Antwortsatz formulieren.

Beispiel

Für eine Theaterveranstaltung wurden 1187 Karten verkauft. Das Theater hat insgesamt 1312 Plätze. Wie viele Plätze waren noch frei?
1. Lesen
2. Gegebenes markieren (hier orange).
3. Gesuchtes markieren (hier grau).
4. Rechenweg: 1312 − 1187 = 125
5. Antwortsatz: Im Theater waren noch 125 Plätze frei.

1 Miriam hat einen Nebenjob: Sie trägt an 5 Tagen in der Woche Zeitungen aus. Pro Zeitung bekommt sie 15 Cent. Insgesamt muss sie jeden Tag 84 Zeitungen verteilen. Wie viel verdient sie in 4 Wochen?

a) Gegebene Größen sind:

Verdienst pro Zeitung: _____   Anzahl der Arbeitstage pro Woche: _____

Anzahl der Zeitungen: _____   Anzahl der Wochen im Monat: _____

b) Schreibe zu jedem Rechenschritt auf, was Miriam berechnet.

① $84 \cdot 0,15 \ € = 12,60 \ €$ ② $4 \cdot 5 = 20$ ③ $20 \cdot 12,60 \ € = 252,00 \ €$

① 84 Zeitungen mal 15 Cent macht 12,60 € pro Tag. _____

② _____

③ _____

c) Schreibe nun einen passenden Lösungssatz auf.

_____

2 Lies den Artikel über das Wunder von Lengede durch und beantworte die Fragen zum Text:

a) Am wievielten Tag konnten die letzten eingeschlossenen Männer gerettet werden?

_____

b) Für wie viele Männer kam die Rettung zu spät?

_____

_____

c) Wie viele Tage waren die drei Bergleute, die am ersten November gerettet wurden, eingeschlossen?

_____

Das Wunder von Lengede

Am 24. Oktober 1963 brach der Klärteich 12 der Eisenerzgrube Lengede-Broistedt ein. Rund eine halbe Million Kubikmeter Schlammwasser drang in die Grube ein und überflutete die Stollen (das sind die Gänge im Bergwerk). 128 Bergleute und ein Monteur befanden sich zu jener Zeit unter Tage. In den ersten Stunden nach dem Unglück konnten sich 79 von ihnen in Sicherheit bringen. Für die übrigen schien es keine Hoffnung mehr zu geben. Drei Bergleute konnten am 1. November nach einer fieberhaften Suchaktion geborgen werden. Weitere zwei Tage später gelang es den Bergungsteams, Kontakt mit weiteren elf Eingeschlossenen aufzunehmen. Am 7. November, vierzehn Tage und 22 Stunden nach dem Unglück, wurden sie gerettet.

Textaufgaben

1 Thomas fährt mit dem Auto in den Urlaub. Der Kilometerzähler zeigt zu Beginn 36 948 km an, bei der Rückkehr 41 109 km. Wie viel Kilometer hat er zurückgelegt?

Rechnung: _____

Antwort: _____

2 Ein Parkhaus hat 1875 Plätze. Im Laufe des Vormittags fuhren 1739 Autos hinein und 617 heraus. Wie viele Plätze sind zurzeit noch frei? Trage die Lösung in die Anzeigentafel ein.

P
Parkhaus
Freie Plätze:

Rechnung: _____

Antwort: _____

3 Für das Fußballspiel München - Hamburg wurden 41 142 Sitzplatzkarten und 18 448 Stehplatzkarten verkauft. Das Stadion fasst 69 000 Zuschauer. Wie viele Plätze waren noch frei?

Rechnung: _____

Antwort: _____

4 Der Mount Everest ist mit 8 848 Metern der höchste Berg der Erde. Der Montblanc mit 4 807 Metern der höchste Berg in Europa.

a) Wie groß ist der Höhenunterschied der beiden Berge?

Rechnung: _____

Antwort: _____

b) Die Zugspitze ist 2 963 m hoch. Berechne den Höhenunterschied

– zum Mount Everest:

– zum Montblanc:

5 Cems Girokonto hat einen Kontostand von 238,40 €.

a) Zum Geburtstag bekommt Cem von seiner Tante 50 € überwiesen. Von seinem Geld kauft er sich einen DVD-Player für 79,95 €. Wie viel Geld ist nun auf seinem Konto? Fülle Cems Kontoauszug aus.

b) Cem hat sein Motorrad in die Werkstatt gebracht. Da einige Teile ausgetauscht werden müssen, wird die Reparatur 250 € kosten. Kann Cem die Reparatur bezahlen, ohne sein Konto zu überziehen?
Antwort: ja ◯   nein ◯

Sparbank	alter Kontostand:	238,40 €
Überweisung		
Lastschrift DVD-Player		
	neuer Kontostand:	

Raum für Nebenrechnungen:

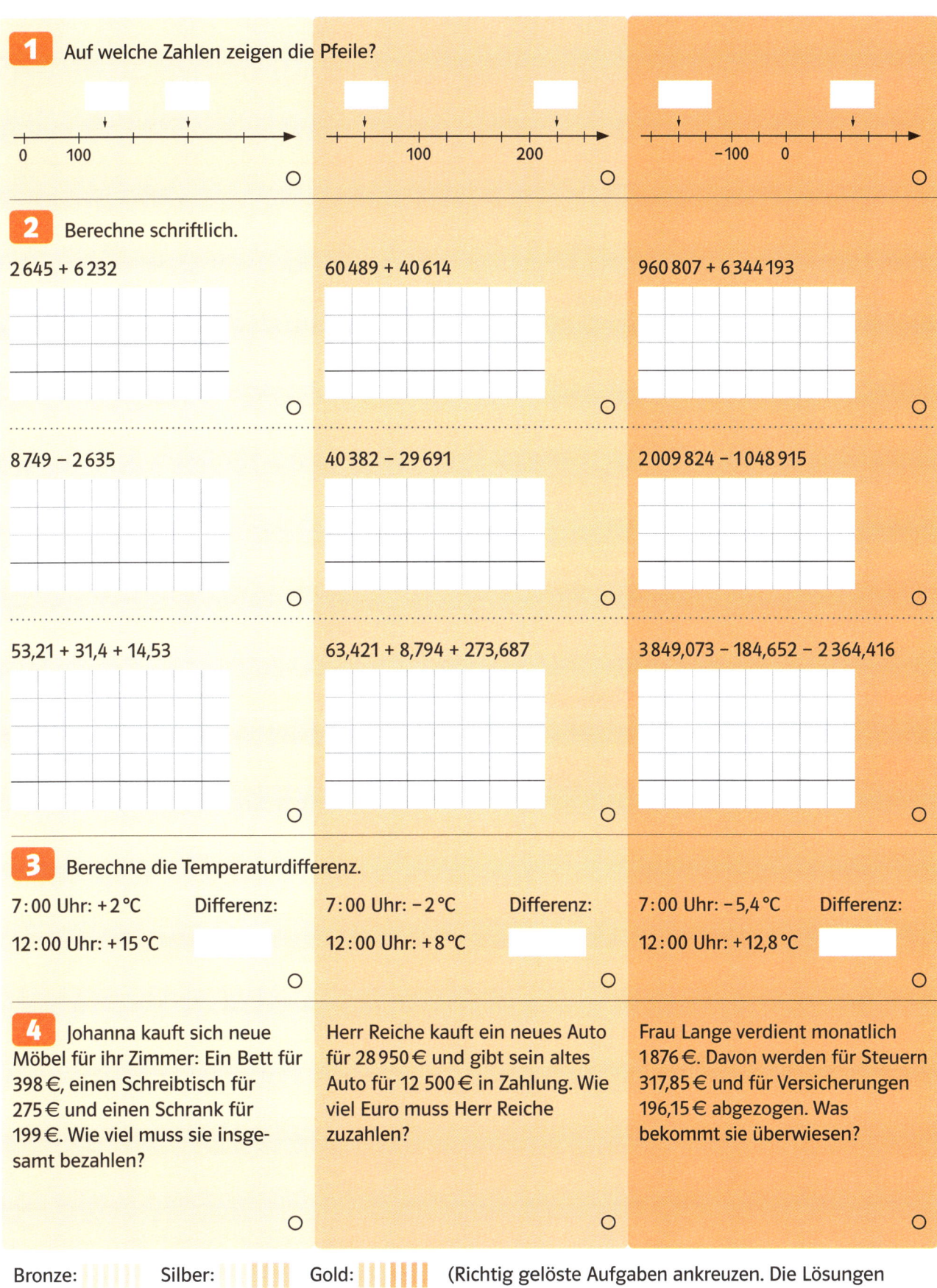

1 Auf welche Zahlen zeigen die Pfeile?

0   100

100   200

−100   0

2 Berechne schriftlich.

2 645 + 6 232

60 489 + 40 614

960 807 + 6 344 193

8 749 − 2 635

40 382 − 29 691

2 009 824 − 1 048 915

53,21 + 31,4 + 14,53

63,421 + 8,794 + 273,687

3 849,073 − 184,652 − 2 364,416

3 Berechne die Temperaturdifferenz.

7:00 Uhr: +2 °C   Differenz:

12:00 Uhr: +15 °C

7:00 Uhr: −2 °C   Differenz:

12:00 Uhr: +8 °C

7:00 Uhr: −5,4 °C   Differenz:

12:00 Uhr: +12,8 °C

4 Johanna kauft sich neue Möbel für ihr Zimmer: Ein Bett für 398 €, einen Schreibtisch für 275 € und einen Schrank für 199 €. Wie viel muss sie insgesamt bezahlen?

Herr Reiche kauft ein neues Auto für 28 950 € und gibt sein altes Auto für 12 500 € in Zahlung. Wie viel Euro muss Herr Reiche zuzahlen?

Frau Lange verdient monatlich 1876 €. Davon werden für Steuern 317,85 € und für Versicherungen 196,15 € abgezogen. Was bekommt sie überwiesen?

Bronze: ▮▮▮▮▮   Silber: ▮▮▮▮▮   Gold: ▮▮▮▮▮   (Richtig gelöste Aufgaben ankreuzen. Die Lösungen findest du auf Seite 77.)

Multiplizieren (malnehmen)				Dividieren (teilen)			
Faktor mal Faktor = Produkt				Dividend geteilt durch Divisor = Quotient			
12	·	6	= 72	72	:	6	= 12

1 Berechne im Kopf.

a) 7 · 9 =   b) 4 · 12 =   c) 30 : 5 =   d) 9 ·   = 72

8 · 6 =   11 · 11 =   49 : 7 =   39 :   = 13

5 · 4 =   17 · 10 =   48 : 12 =   · 15 = 75

2 Fülle die Tabellen aus.

Die Zahl	35	75	90	125	350		
Das Doppelte						400	1 200

Die Zahl	60	90	104	260	340		
Die Hälfte						80	420

Die Zahl	25	70	95	120			
Das Dreifache					75	120	240

 3 Zahlenketten: Setze als Startzahl nacheinander die Zahlen aus der Tabelle ein und notiere das Ergebnis in der Tabelle.

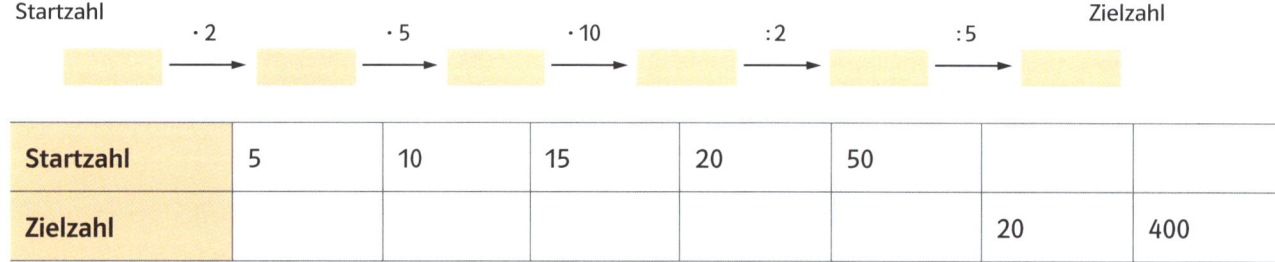

Startzahl   · 2 →   · 5 →   · 10 →   : 2 →   : 5 →   Zielzahl

Startzahl	5	10	15	20	50		
Zielzahl						20	400

 4 Fülle die Zahlenmauern aus. Achtung, hier wird von unten nach oben multipliziert.

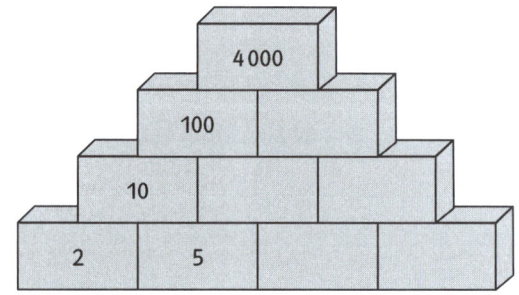

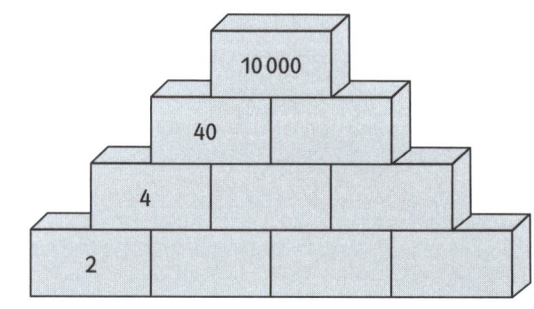

Schriftliches Multiplizieren (·)

1. Schritt: Stellenweise malnehmen.
2. Schritt: Die Zwischenrechnungen addieren.
3. Schritt: Das Ergebnis doppelt unterstreichen.

Mit dem Überschlag kannst du das Ergebnis kontrollieren.

Beispiel: 4902 · 35

	4	9	0	2	·	3	5
	1	4	7	0	6		
		2	4	5	1	0	
				1			
	1	7	1	5	7	0	

Ü: 5 000 · 40 = 200 000
Ergebnis kann stimmen.

1 Was gehört in die Felder?

a) 9 2 · 2 4

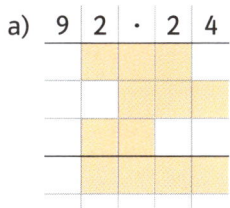

b) 7 9 · 1 2 5

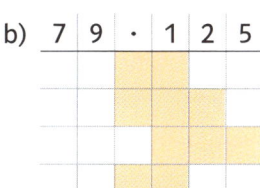

c) 6 8 · 1 2 3

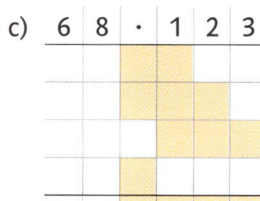

d) 1 2 · 7 8 9

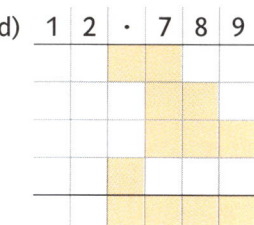

2 Berechne und kontrolliere mit einer Überschlagsrechnung.

a) 397 · 6

	3	9	7	·	6
	2	3	8	2	

Ü: 400 · 6 = 2 400

b) 708 · 7

Ü: _____

c) 904 · 5

Ü: _____

d) 870 · 8

Ü: _____

e) 4 329 · 24

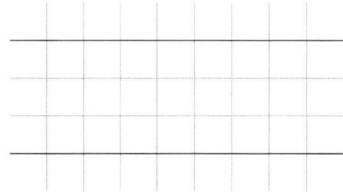

Ü: _____

f) 6 153 · 72

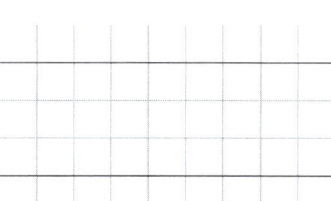

Ü: _____

g) 4 137 · 32

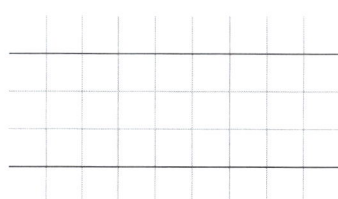

Ü: _____

h) 7 138 · 484

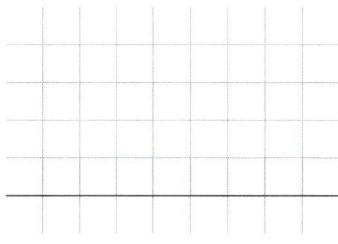

Ü: _____

i) 4 847 · 702

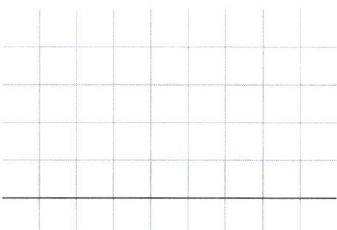

Ü: _____

j) 3 076 · 816

Ü: _____

3 Ein Mountain-Bike wird zum Barpreis von 624 € angeboten. In einem anderen Geschäft bekommt man das gleiche Fahrrad für 12 Monatsraten zu je 56 €.

Welches Angebot ist günstiger?

Barpreis: _____   Ratenpreis: _____   günstiger: _____

Schriftliches Dividieren (:)

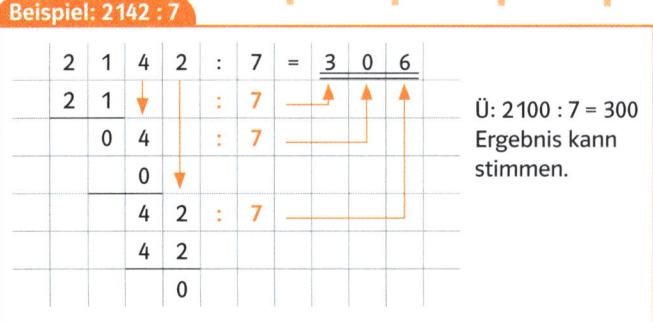

Beispiel: 2142 : 7

Ü: 2100 : 7 = 300
Ergebnis kann
stimmen.

1. Schritt: Stellenweise teilen (links beginnen).
2. Schritt: Ergebnis doppelt unterstreichen.

Mit dem Überschlag kontrollieren.

---

1 Was gehört in die Felder?

a) 392 : 7

b) 979 : 11

c) 7884 : 12

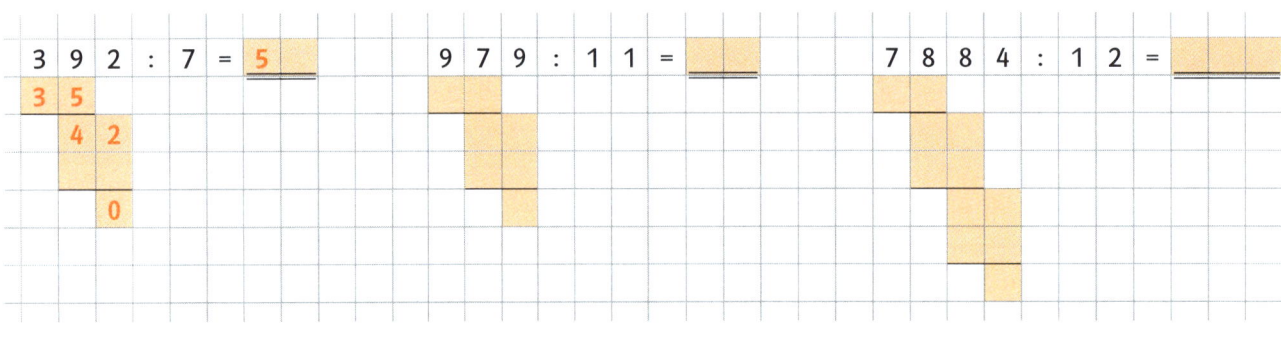

Ü: _____   Ü: _____   Ü: _____

---

2 Berechne die Aufgaben. Denke an den Überschlag.

a) 2555 : 7 = _____

b) 52192 : 8 = _____

c) 15696 : 24 = _____

Ü: _____   Ü: _____   Ü: _____

---

3 Berechne die Aufgaben auf einem Extrablatt. Die Lösungen findest du auf den orangen Kärtchen.

a) 5940 : 12 = _____

b) 117144 : 36 = _____

c) 59964 : 76 = _____

d) 8768 : 137 = _____

76   75   495   3429   30   32   54

3258   3254   3424   789   799   49   64

e) 6764 : 89 = _____

f) 17145 : 5 = _____

g) 14656 : 458 = _____

h) 2793 : 57 = _____

Verbindung der vier Grundrechenarten

Klammer zuerst	Punkt-vor-Strich
Was in der Klammer steht, wird zuerst berechnet.	Zuerst Punktrechnung ($\cdot$ /:), dann Strichrechnung (+/−).

Beispiel

Klammerrechnung:

$5 \cdot (10 - 7)$ $\qquad$ $(49 + 21) : 7$

$= 5 \cdot \quad 3 \quad = \underline{\underline{15}}$ $\qquad$ $= 70 \quad : 7 = \underline{\underline{10}}$

Beispiel

Punkt-vor-Strichrechnung:

$5 \cdot 10 - 7$ $\qquad$ $49 + 21 : 7$

$= 50 \quad - 7 \quad = \underline{\underline{43}}$ $\qquad$ $= 49 + \quad 3 \quad = \underline{\underline{52}}$

---

1 Berechne.

a) $8 \cdot (6 + 9)$

$= 8 \cdot 15 = \underline{\underline{120}}$

b) $(72 + 9) : 3$

c) $80 : (2 + 8)$

d) $(24 - 4) \cdot 25$

e) $100 - (80 - 20)$

f) $(28 + 56) : 7$

g) $11 \cdot (17 - 9)$

h) $(48 : 4) \cdot 5$

i) $28 + 42 : 7$

j) $54 - 8 \cdot 3$

k) $25 : 5 - 5$

l) $24 + 3 \cdot 4 - 10$

m) $50 - (20 - 5 \cdot 4)$

n) $(60 - 20) : 4 - 8$

o) $(12 \cdot 6) : 3$

p) $12 \cdot (60 : 6)$

---

2 Berechne.

a) $17 + 8 \cdot 3 \quad = 17 + 24 = \underline{\underline{41}}$

$(17 + 8) \cdot 3 \quad =$ _____

$8 \cdot 3 + 17 \quad =$ _____

$8 \cdot (3 + 17) \quad =$ _____

b) $50 + 12 : 2 \quad =$ _____

$(50 + 12) : 2 \quad =$ _____

$12 : 2 + 50 \quad =$ _____

$12 : (2 + 50) \quad =$ _____

c) Vergleiche die Lösungen.

Welche Lösung ist bei a) die kleinste Lösung? _____ Welche Lösung bei b)? _____

Welche Lösung ist bei a) die größte? _____ Welche bei b)? _____

Was haben alle Aufgaben bei a) und b) jeweils gemeinsam?

Textaufgaben

1 Ein Sportverein hat als Mitglieder 782 Jugendliche und 1205 Erwachsene. Wie viel Euro nimmt der Verein im Monat an Beiträgen ein?

Monatsbeitrag:	
Jugendliche	6 €
Erwachsene	12 €

Rechnung: _____

Antwort: _____

2 In einem Automobilwerk werden 736 Autos eines Typs auf Waggons verladen. Auf einen Waggon passen 8 Autos. Wie viele Waggons muss der Güterzug haben, damit alle Autos verladen werden können?

Rechnung: _____

Antwort: _____

3 Vor einer Fähre stehen 294 Autos im Stau. Bei jeder Fahrt – ungefähr alle 10 Minuten – kann eine Fähre 42 Autos übersetzen.

a) Wie häufig muss die Fähre fahren, um alle wartenden Autos überzusetzen?

Rechnung: _____

Antwort: _____

b) Wie lange muss das letzte Auto der wartenden Schlange noch auf die Überfahrt warten?

Rechnung: _____

Antwort: _____

4 Silvio kauft einen Kasten Mineralwasser. Jede der 12 Flaschen kostet 0,40 € zuzüglich 0,15 € Pfand. Für den Kasten muss er 1,50 € Pfand bezahlen.

a) Was kostet der Kasten Mineralwasser insgesamt?

Wasser:

_____

b) Schreibe die gesamte Rechnung in einem einzigen Rechenausdruck (mit Klammern).

_____

5 a) Wie viel spart man pro Schwimmbadbesuch wenn man eine Zehnerkarte kauft?

Schwimmbad Eintrittspreise:	
Tageskarte	1,40 €
10er-Karte	10,00 €

Rechnung: _____

Antwort: _____

b) Wie oft muss man mindestens ins Schwimmbad gehen, damit sich eine Zehnerkarte lohnt?

Man muss ⬚ -mal ins Schwimmbad gehen.

Raum für Nebenrechnungen

20

Test: Grundrechenarten 2

1 Berechne im Kopf.

200 − 50 : 5 =   ○   27 + 3 · 10 − 5 =   ○   70 + (30 − 7 · 4) =   ○

2 Berechne schriftlich.

4 125 · 7

6 808 · 74

70 193 · 806

○

948 : 4

1 330 : 7

9 555 : 39

○

3 Bei einem Radrennen ist ein Rundkurs von 3 147 m fünfmal zu durchfahren. Wie lang ist die Gesamtstrecke?

Pia möchte ein Buch mit 546 Seiten in einer Woche durchlesen. Wie viele Seiten muss sie täglich lesen?

Ein Handy kostet bei Barzahlung 340 €. Man kann das Handy aber auch ein Jahr lang mit einer monatlichen Rate von 30 € bezahlen. Um wie viel Euro ist der Barpreis günstiger?

○

Bronze: Silber: ||| Gold: |||||| (Richtig gelöste Aufgaben ankreuzen. Die Lösungen findest du auf Seite 77.)

Längen umrechnen

1. Schritt: Grundbeziehung bestimmen:
Von welcher Größe wird in
welche Größe umgerechnet?
(Pfeilrichtung beachten!)
2. Schritt: Umrechnung bestimmen.
3. Schritt: Berechnen.
4. Schritt: Notieren.

Eine Größe besteht aus
Maßzahl und Maßeinheit.

$$7\,m$$

Maßzahl   Maßeinheit

Beispiel: 2 600 cm in m

1. cm in m: →
2. Umrechnung = : 100
3. 2 600 : 100 = 26
4. 2 600 cm = 26 m

Beispiel: 12 m in dm

1. m in dm: ←
2. Umrechnung = · 10
3. 12 · 10 = 120
4. 12 m = 120 dm

Grundbeziehungen bei Längen:

1 Millimeter (mm)
10 Millimeter (mm) = 1 Zentimeter (cm)
10 Zentimeter (cm) = 1 Dezimeter (dm)
10 Dezimeter (dm) = 1 Meter (m)
1000 Meter (m) = 1 Kilometer (km)

cm in m = : 10 : 10 = : 100

: 10	: 10	: 10	: 1000

mm   cm   dm   m   km

· 10	· 10	· 10	· 1000

m in dm = · 10

---

1 Schätze die folgenden Größen.
Miss dann nach.

	geschätzt	gemessen
Höhe einer Tür		
Durchmesser einer 1-€-Münze		
Länge dieses Arbeitsheftes		
Höhe des Schultisches		
Breite dieses Arbeitsheftes		
Länge des Klassenzimmers		

2 Rechne in die angegebene Einheit um.

a) 8 m   =   80   dm

b) 7 000 m   =   km

c) 3 dm   =   cm

d) 80 mm   =   cm

e) 9 km   =   m

f) 40 cm   =   dm

g) 22 m   =   cm

h) 40 m   =   mm

i) 4 km   =   dm

j) 220 000 cm =   km

3 Berechne wie im Beispiel.

Beispiel: 15,2 km + 2 960 m = 15 200 m + 2 960 m = 18 160 m = 18,16 km

Achtung! Längen kann man nur zusammenrechnen, wenn sie in der gleichen Einheit angegeben sind!

a) 16,3 m + 780 cm   = _____

b) 3,2 km + 560 m   = _____

c) 616 cm + 2,54 m   = _____

d) 3,5 m – 28 dm   = _____

e) 6,5 m – 385 cm   = _____

f) 3,5 dm + 295 mm   = _____

Flächen umrechnen

Erinnerung

1. Grundbeziehung bestimmen.
2. Umrechnung bestimmen.
3. Berechnen.
4. Notieren.

Beispiel: 5 800 m² in a

1. m² in a: →
2. Umrechnung = : 100
3. 5 800 : 100 = 58
4. 5 800 m² = 58 a

Beispiel: 13 m² in cm²

1. m² in cm²: ←
2. Umrechnung = · 10 000
3. 13 · 10 000 = 130 000
4. 13 m² = 130 000 cm²

Grundbeziehungen bei Flächen:

	1 Quadratmillimeter (mm²)
100 Quadratmillimeter (mm²)	= 1 Quadratzentimeter (cm²)
100 Quadratzentimeter (cm²)	= 1 Quadratdezimeter (dm²)
100 Quadratdezimeter (dm²)	= 1 Quadratmeter (m²)
100 Quadratmeter (m²)	= 1 Ar (a)
100 Ar (a)	= 1 Hektar (ha)
100 Hektar (ha)	= 1 Quadratkilometer (km²)

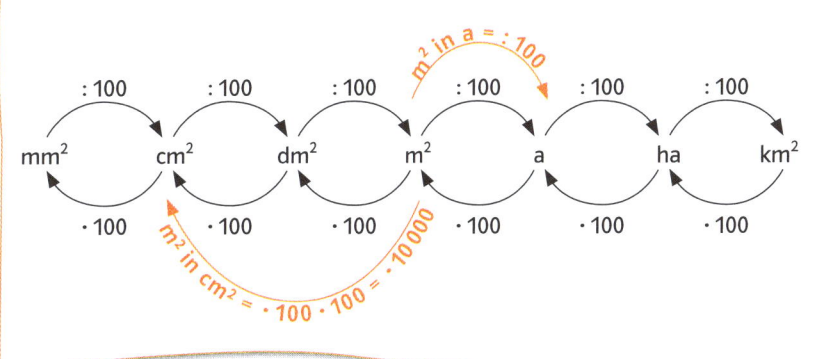

1 Rechne in die nächstkleinere Einheit um.

a) 38 km² = **3 800 ha**
b) 37 dm² =
c) 58 ha =

d) 682 cm² =
e) 173 m² =
f) 124 km² =

g) 7 033 ha =
h) 1,5 m² =
i) 0,75 cm² =

2 Rechne in die nächstgrößere Einheit um.

a) 2 300 cm² = **23 dm²**
b) 6 900 mm² =
c) 500 dm² =

d) 5 900 a =
e) 1 200 dm² =
f) 1 500 m² =

g) 8 000 ha =
h) 750 dm² =
i) 90 mm² =

3 Rechne in die angegebene Einheit um.

a) 8 m² = **80 000** cm²
b) 2 600 ha =   km²
c) 7 cm² =   mm²

d) 5 600 m² =   a
e) 129 a =   m²
f) 9700 a =   ha

g) 67 ha =   a
h) 300 cm² =   dm²
i) 238 km² =   ha

j) 591 000 m² =   a
k) 575 ha =   km²
l) 6,25 cm² =   mm²

m) 740 000 mm² =   dm²
n) 2 km² =   a
o) 42,5 dm² =   mm²

23

Beispiel: 15 000 mg in g

1. mg in g: →
2. Umrechnung = : 1000
3. 15 000 : 1 000 = 15
4. 15 000 mg = 15 g

Beispiel: 34 t in kg

1. t in kg: ←
2. Umrechnung = · 1 000
3. 34 · 1000 = 34 000
4. 34 t = 34 000 kg

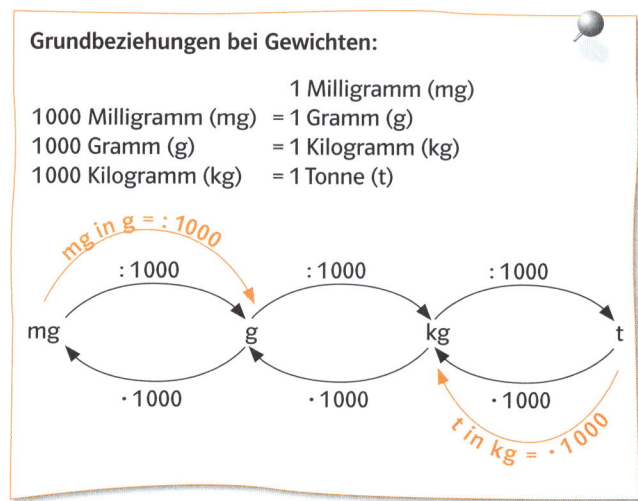

Grundbeziehungen bei Gewichten:

1 Milligramm (mg)
1000 Milligramm (mg) = 1 Gramm (g)
1000 Gramm (g)   = 1 Kilogramm (kg)
1000 Kilogramm (kg)   = 1 Tonne (t)

1 Schätze das Gewicht der folgenden Gegenstände. Wiege dann.

	geschätzt	gemessen
Mein Mäppchen		
2-€-Münze		
Dieses Arbeitsheft		
Meine Schultasche		

2 Rechne in die angegebene Einheit um.

a) 18 t   = 18 000 kg   b) 8 000 g   =   kg

c) 7 kg   =   g   d) 3 000 mg =   g

e) 6 g   =   mg   f) 9 000 kg =   t

g) 30 kg =   g   h) 10 000 g =   kg

i) 3,4 t =   kg   j) 67,5 kg   =   g

k) 0,5 t =   kg   l) 500 g   =   kg

3 Rechne in die nächstkleinere Einheit um.

a) 3 kg = 3 000 g   b) 62 g =

c) 25 t =   d) 14 kg =

e) 1,5 t =   f) 2,5 kg =

g) 0,5 g =   h) 1,4 kg =

4 Rechne in die nächstgrößere Einheit um.

a) 5 000 g = 5 kg   c) 12 000 kg =

b) 4 200 mg =   d) 124 000 g =

e) 4 500 kg =   h) 28 000 mg =

g) 4 650 g =   f) 500 g   =

5 Berechne wie im Beispiel.

Beispiel: 2,3 kg + 800 g = 2 300 g + 800 g = 3 100 g = 3,1 kg

a) 9,8 kg + 749 g   = _____

b) 6,43 t + 880 kg   = _____

c) 20,92 g + 164 mg   = _____

d) 55,125 kg – 625 g   = _____

e) 5,94 g – 385 mg   = _____

Zeitpunkte und Zeitspannen

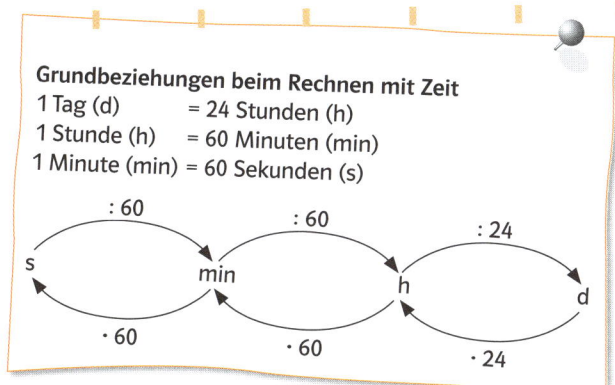

Grundbeziehungen beim Rechnen mit Zeit

1 Tag (d) = 24 Stunden (h)
1 Stunde (h) = 60 Minuten (min)
1 Minute (min) = 60 Sekunden (s)

s ← : 60 → min ← : 60 → h ← : 24 → d
· 60 · 60 · 24

Beispiel: 3 h in min
1. h in min: ←
2. Umrechnung = · 60
3. 3 · 60 = 180
4. 3 h = 180 min

Beispiel: 240 s in min
1. s in min: →
2. Umrechnung = : 60
3. 240 : 60 = 4
4. 240 min = 4 h

1 Rechne in die angegebene Einheit um.

a) 4 min = **240** s   b) 72 h = ___ d

c) 3 h = ___ min   d) 480 min = ___ h

e) 5 d = ___ h   f) 540 s = ___ min

g) 300 s = ___ min   h) 7 d = ___ h

2 Ergänze die Tabelle.

Abfahrt	Fahrtdauer	Ankunft
11:35 Uhr	2 Stunden 12 Minuten	
	1 Stunde 7 Minuten	23:54 Uhr
7:55 Uhr	4 h 17 min	
	1,5 Stunden	0:14 Uhr
2:55 Uhr	1 Stunde 5 Minuten	(Uhr)
	7 h 30 min	10:35 Uhr

3 Für eine Fahrt von Stuttgart nach Berlin gibt es die folgenden Verbindungen:

🚆 ICE			
Bahnhof	Uhrzeit	Umst.	Produkt
1 Stuttgart Hbf.	ab 11:51	1	ICE 610
Berlin Zool. Garten	an 17:17		ICE 878
2 Stuttgart Hbf.	ab 12:05	2	ICE 2390
			ICE 72
Berlin Zool. Garten	an 18:03		ICE 951
3 Stuttgart Hbf.	ab 12:51	0	ICE 108
Berlin Zool. Garten	an 18:17		
4 Stuttgart Hbf.	ab 13:27	1	ICE 576
Berlin Zool. Garten	an 19:02		ICE 641

a) Wie lange dauern die Fahrten? Markiere die schnellste Verbindung.

Verbindung 1: **5 Stunden 26 Minuten** _____

Verbindung 2: _____

Verbindung 3: _____

Verbindung 4: _____

b) Frau Reiser will frühestens um 12:00 Uhr in Stuttgart abfahren und spätestens um 18:30 Uhr in Berlin sein. Welche Verbindungen kann sie auswählen?

_____

Thema: Zeitzonen

Die Karte zeigt die Zeitzonen der Erde. Jeder Ort innerhalb einer Zeitzone hat dieselbe Uhrzeit. Bei uns in Mitteleuropa gilt die Mitteleuropäische Zeit (MEZ).

① Erkläre, warum Vorzeichen bei den Zeitangaben verwendet werden.

② Gib drei europäische Städte an, die außerhalb der MEZ-Zone liegen. Wie viel Zeitunterschied herrscht jeweils?

③ Wann würde man von Deutschland aus in den USA anrufen, ohne jemanden nachts zu wecken?

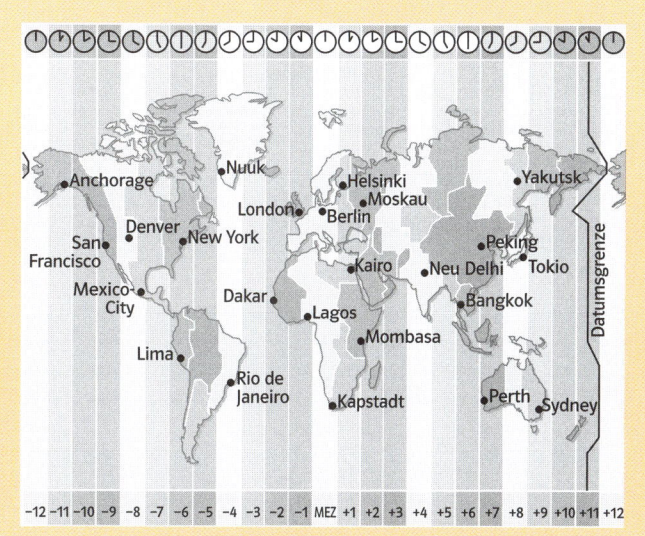

1 Rechne in die angegebene Einheit um.

4 min	= ____ s	2 d	= ____ h	2,5 kg	= ____ g
6 m	= ____ cm	7 km	= ____ m	90 min	= ____ h
4 kg	= ____ g	12,5 m²	= ____ dm²	2 km²	= ____ a
2 500 dm²	= ____ m	4 000 mm	= ____ dm	2¼ h	= ____ min

2 Berechne.

12 km + 980 m =

8,54 kg − 763 g =

5 min 12 s − 127 s =

5,25 kg − 790 g =

0,5 min + 45 s =

12 m − 74 mm =

3 Ein Flugzeug startet um 8:39 Uhr. Die Flugzeit beträgt 2 h 24 min. Wann landet das Flugzeug?

Ein Flugzeug startet um 8:39 Uhr. Es landet um 13:24 Uhr. Wie lange war es in der Luft?

Welche Zugverbindung ist schneller?

	ab Hamburg	an Hannover
1	12:01	13:23
2	13:24	14:49

Bronze: ____ Silber: |||| Gold: |||||| (Richtig gelöste Aufgaben ankreuzen. Die Lösungen findest du auf Seite 77.)

Bruchteile bestimmen

1. **Schritt:** Nenner bestimmen:
   In wie viele gleich große
   Teile ist das Ganze zerlegt?
2. **Schritt:** Zähler bestimmen:
   Wie viele der gleich großen
   Teile bilden den Anteil?
3. **Schritt:** Bruch notieren.

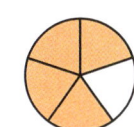

1. Der Kreis ist in 5 gleich große Teile zerlegt. Der Nenner ist 5.
2. Die Anzahl der gefärbten Teile ist 4. Der Zähler ist 4.
3. Der Bruch heißt: $\frac{4}{5}$

Zähler _____ 4
Bruchstrich _____ _
Nenner _____ 5

1 Ergänze die Sätze.

a) Die Pizza ist in _____ gleich große Stücke zerlegt.

b) Jedes Stück der Pizza ist $\frac{}{}$ der Pizza.

c) 3 Stücke sind $\frac{}{}$ der Pizza.

d) Färbe $\frac{2}{5}$ der Pizza ein.

2 Schreibe als Bruch, welche Anteile hier markiert worden sind.

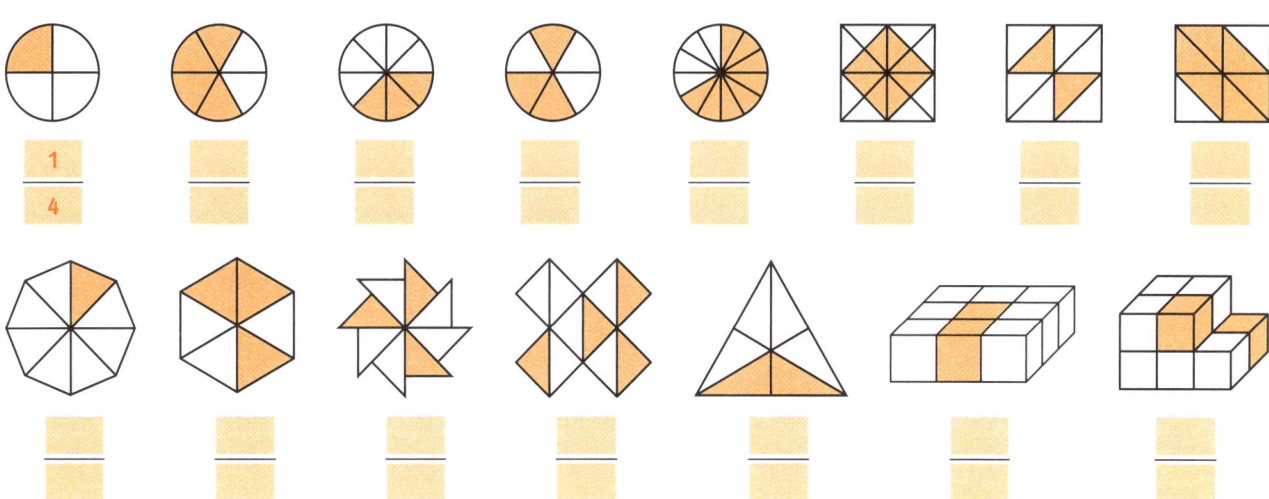

$\frac{1}{4}$

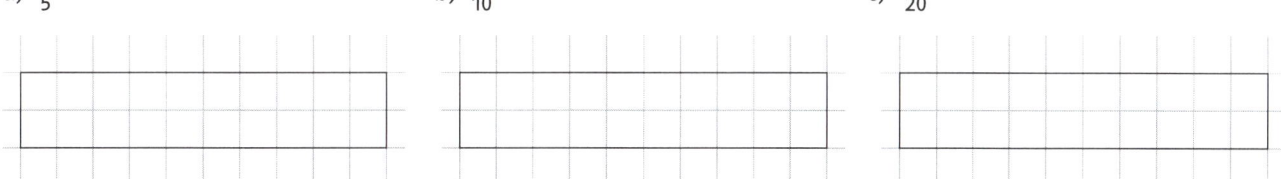

3 Färbe beim Rechteck den angegebenen Bruchteil.

a) $\frac{4}{5}$　　　　　b) $\frac{1}{10}$　　　　　c) $\frac{7}{20}$

4 Durch Falten eines Blattes kannst du Brüche darstellen.

a) Falte ein Blatt Papier so zusammen und wieder auseinander, dass du zwei gleich große Teile erhältst. Beschrifte die Bruchteile des Blattes.

b) Nimm jedes Mal ein neues Blatt Papier und stelle die Brüche $\frac{1}{4}$, $\frac{1}{8}$ und $\frac{1}{16}$ dar. Beschrifte auch hier die Bruchteile auf dem Blatt.

c) Versuche den Bruch $\frac{1}{3}$ darzustellen.

Ist bei einem Bruch der Zähler größer als der Nenner, kann er in eine **gemischte Zahl** umgewandelt werden.

Umwandlung Bruch → Zahl
1. Schritt: Zähler durch den Nenner teilen, Rest bestimmen.
2. Schritt: Ergebnis als gemischte Zahl notieren.

Beispiel: $\frac{17}{3}$
1. $\frac{17}{3} = 17 : 3$
   $= 5$ Rest 2
2. $\frac{17}{3} = 5 + \frac{2}{3} = 5\frac{2}{3}$

Umwandlung Zahl → Bruch
1. Schritt: Ganze in Bruch umwandeln.
2. Schritt: Zähler bestimmen.
3. Schritt: Notieren.

Beispiel: $2\frac{1}{7}$
1. $2 = 2 \cdot \frac{7}{7} = \frac{14}{7}$
2. $\frac{14}{7} + \frac{1}{7} = \frac{15}{7}$
3. $2\frac{1}{7} = \frac{15}{7}$

1 Welche gemischte Zahl ist dargestellt?

a)
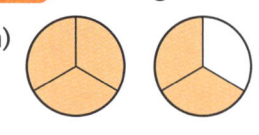 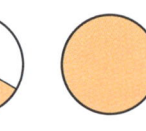 

$\frac{3}{3} + \frac{2}{3}$ = $1 + \frac{2}{3} = 1\frac{2}{3}$

b)
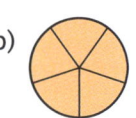 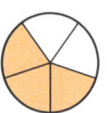  

c)
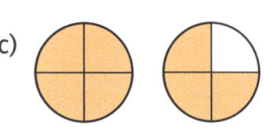  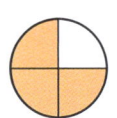

2 Ergänze die fehlenden Brüche, die Zeichnungen und die gemischten Zahlen.

 $\frac{14}{5} = 2\frac{4}{5}$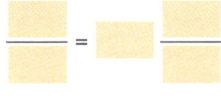

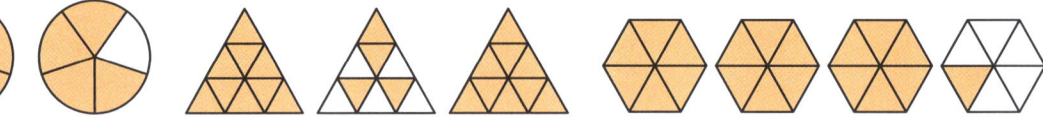

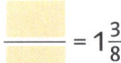 $= 1\frac{3}{8}$  $\frac{8}{3} =$  $\frac{7}{4} =$

  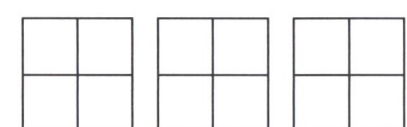

3 Wandle in eine gemischte Zahl um.

a) $\frac{7}{4} =$

b) $\frac{9}{5} =$

c) $\frac{17}{6} =$

d) $\frac{12}{7} =$

4 Wandle in einen Bruch um.

a) $3\frac{3}{4} =$

b) $4\frac{3}{7} =$

c) $3\frac{2}{5} =$

d) $1\frac{5}{6} =$

Bruchteile berechnen

---

1. Schritt: Das Ganze durch den Nenner teilen.
2. Schritt: Das Zwischenergebnis mit dem Zähler multiplizieren.
3. Schritt: Notieren.

Beispiel: Wie viel sind $\frac{3}{5}$ von 10 Eiern?

1. Schritt	2. Schritt
: 5	· 3

10 Eier ⟶ 2 Eier ⟶ 6 Eier

3. Schritt: $\frac{3}{5}$ von 10 Eiern sind 6 Eier.

---

1 Berechne den Bruchteil:

a) $\frac{2}{6}$ von 6 Flaschen (F)

	: 6		· 2	
6 F	⟶	1 F	⟶	2 F

$6\,F \cdot \frac{2}{6} = 2\,F$

b) $\frac{3}{4}$ von 12 Flaschen

c) $\frac{2}{3}$ von 18 m

d) $\frac{3}{5}$ von 60 kg

e) $\frac{2}{7}$ von 56 l

f) $\frac{5}{12}$ von 84 min

g) $\frac{6}{9}$ von 126 g

h) $\frac{3}{7}$ von 105 km

---

2 In der Sprache tauchen häufig Brüche auf. Ordne die Angaben den Sätzen zu.

1 Das Wasser ist nur einen halben Meter tief.

2 Du bist eine Viertelstunde zu spät.

3 Von 3 kg Kirschen waren ein Drittel schlecht.

4 Bitte ein halbes Kilo Hackfleisch.

250 ml   500 g   50 cm   1 kg   15 min

Welche Angabe bleibt übrig? _____

Bilde dazu eine eigene Aussage.

_____

Erweitern und kürzen

Beim **Erweitern** werden Zähler und Nenner mit derselben Zahl multipliziert, der Wert des Bruchs bleibt gleich.
1. Schritt: Zähler und Nenner mit der gleichen Zahl multiplizieren
2. Schritt: Notieren

Beim **Kürzen** werden Zähler und Nenner durch dieselbe Zahl geteilt. Auch hier bleibt der Wert des Bruchs gleich.
1. Schritt: Zähler und Nenner durch die gleiche Zahl teilen
2. Schritt: Notieren

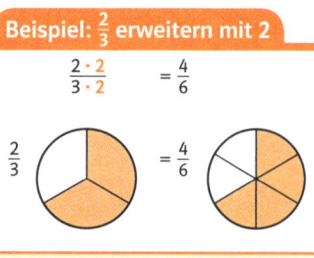

Beispiel: $\frac{2}{3}$ erweitern mit 2

$$\frac{2 \cdot 2}{3 \cdot 2} = \frac{4}{6}$$

$\frac{2}{3} = \frac{4}{6}$

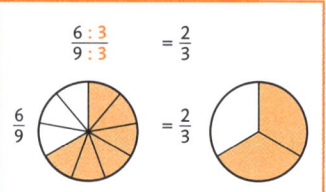

Beispiel: $\frac{6}{9}$ kürzen mit 3

$$\frac{6 : 3}{9 : 3} = \frac{2}{3}$$

$\frac{6}{9} = \frac{2}{3}$

1 Bestimme die Zahl, mit der erweitert wurde.

$$\frac{4 \cdot \boxed{3}}{5 \cdot \boxed{3}} = \frac{12}{15} \qquad \frac{7 \cdot \boxed{}}{3 \cdot \boxed{}} = \frac{35}{15} \qquad \frac{9 \cdot \boxed{}}{11 \cdot \boxed{}} = \frac{81}{99} \qquad \frac{3 \cdot \boxed{}}{8 \cdot \boxed{}} = \frac{30}{80} \qquad \frac{12 \cdot \boxed{}}{15 \cdot \boxed{}} = \frac{48}{60}$$

$$\frac{17 \cdot \boxed{}}{22 \cdot \boxed{}} = \frac{85}{110} \qquad \frac{3 \cdot \boxed{}}{8 \cdot \boxed{}} = \frac{36}{96} \qquad \frac{7 \cdot \boxed{}}{9 \cdot \boxed{}} = \frac{84}{108} \qquad \frac{2 \cdot \boxed{}}{7 \cdot \boxed{}} = \frac{60}{210} \qquad \frac{31 \cdot \boxed{}}{11 \cdot \boxed{}} = \frac{155}{55}$$

2 Mit welcher Zahl wurde gekürzt?

$$\frac{18 : \boxed{6}}{24 : \boxed{6}} = \frac{3}{4} \qquad \frac{36 : \boxed{}}{40 : \boxed{}} = \frac{18}{20} \qquad \frac{50 : \boxed{}}{70 : \boxed{}} = \frac{5}{7} \qquad \frac{49 : \boxed{}}{56 : \boxed{}} = \frac{7}{8} \qquad \frac{121 : \boxed{}}{132 : \boxed{}} = \frac{11}{12}$$

$$\frac{56 : \boxed{}}{76 : \boxed{}} = \frac{14}{19} \qquad \frac{49 : \boxed{}}{84 : \boxed{}} = \frac{7}{12} \qquad \frac{54 : \boxed{}}{81 : \boxed{}} = \frac{6}{9} \qquad \frac{90 : \boxed{}}{225 : \boxed{}} = \frac{2}{5}$$

Du kannst auch schrittweise kürzen:

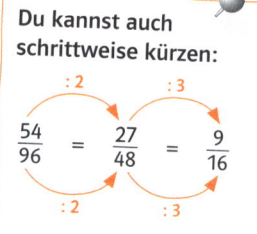

$$\frac{54}{96} = \frac{27}{48} = \frac{9}{16}$$

3 Erweitere mit den angegebenen Zahlen.

	mit 3	mit 5	mit 8
$\frac{7}{8}$	$\frac{7 \cdot 3}{8 \cdot 3} = \frac{21}{24}$		
$\frac{5}{9}$			
$\frac{2}{11}$			
$\frac{6}{13}$			
$\frac{25}{31}$			

4 Kürze so weit wie möglich.

a) $\frac{36}{48} = $ $\frac{36 : 12}{48 : 12} = \frac{3}{4}$

b) $\frac{72}{90} = $

c) $\frac{216}{240} = $

d) $\frac{210}{330} = $

e) $\frac{90}{165} = $

f) $\frac{147}{189} = $

1 Berechne den Anteil.

$\frac{2}{3}$ von 21 Autos ○

$\frac{11}{12}$ von 96 Autos ○

$\frac{25}{27}$ von 108 Autos ○

$\frac{3}{4}$ von 12 kg = ○

$\frac{14}{15}$ von 60 Litern = ○

$\frac{8}{13}$ von 52 Stunden = ○

2 Gib in Minuten an.

$\frac{2}{3}$ h = ○

$\frac{7}{10}$ h = ○

$\frac{11}{15}$ h = ○

3 Schreibe als gemischte Zahl.

= ○

$\frac{25}{7}$ = ○

$\frac{169}{33}$ = ○

4 Schreibe als Bruch.

$4\frac{2}{3}$ = ○

$6\frac{5}{8}$ = ○

$7\frac{12}{35}$ = ○

5 Erweitere.

$\frac{3}{8}$ mit 4: ○

$\frac{4}{12}$ mit 5: ○

$\frac{35}{48}$ mit 3: ○

6 Kürze so weit wie möglich.

$\frac{12}{8}$ = ○

$\frac{32}{48}$ = ○

$\frac{48}{120}$ = ○

Bronze: | | | | | | Silber: | | | | | | Gold: | | | | | | | (Richtig gelöste Aufgaben ankreuzen. Die Lösungen findest du auf Seite 77.)

Gleichnamige Brüche addieren und subtrahieren

	Beispiel
1. Schritt: Zähler addieren (+) oder subtrahieren (−) und den Nenner beibehalten	$\frac{11}{12} + \frac{5}{12}$
2. Schritt: wenn möglich, kürzen	
3. Schritt: wenn möglich, in eine gemischte Zahl verwandeln	
4. Schritt: Notieren	

1. Schritt: Zähler addieren (+) oder subtrahieren (−) und den Nenner beibehalten
2. Schritt: wenn möglich, kürzen
3. Schritt: wenn möglich, in eine gemischte Zahl verwandeln
4. Schritt: Notieren

Beispiel

	$\frac{11}{12} + \frac{5}{12}$
1.	$\frac{11+5}{12} = \frac{16}{12}$
2.	$\frac{16:4}{12:4} = \frac{4}{3}$
3.	$\frac{4}{3} = 1\frac{1}{3}$
4.	$\frac{11}{12} + \frac{5}{12} = 1\frac{1}{3}$

> Brüche sind gleichnamig, wenn sie den gleichen Nenner haben.

1 Notiere die dargestellte Additionsaufgabe.

a)

b)

c)

d)

$\frac{4}{10} + \frac{5}{10} = \frac{9}{10}$

2 Notiere die dargestellte Subtraktionsaufgabe.

a)

b)

c)

d)

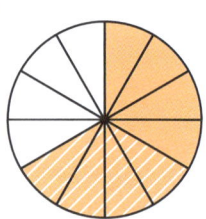  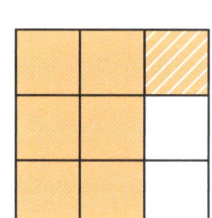 

$\frac{8}{12} - \frac{4}{12} = \frac{4}{12} = \frac{1}{3}$

3 Berechne. Kürze, wenn möglich, und schreibe als gemischte Zahl.

a) $\frac{7}{11} + \frac{2}{11} = \boxed{\frac{9}{11}}$

b) $\frac{3}{5} + \frac{4}{5} =$

c) $\frac{13}{14} - \frac{6}{14} =$

d) $\frac{25}{16} + \frac{5}{16} =$

e) $\frac{24}{11} - \frac{16}{11} =$

f) $\frac{41}{16} - \frac{15}{16} =$

g) $\frac{17}{5} - \frac{4}{5} =$

h) $\frac{5}{14} + \frac{7}{14} + \frac{3}{14} =$

i) $\frac{23}{11} - \frac{3}{11} - \frac{7}{11} =$

j) $\frac{37}{40} + \frac{18}{40} =$

k) $\frac{24}{25} + \frac{36}{25} =$

l) $\frac{53}{24} - \frac{27}{24} =$

4 Ergänze.

a) $\frac{3}{8} + \frac{\boxed{4}}{8} = \frac{7}{8}$

b) $\frac{11}{12} - \frac{6}{12} = \frac{\boxed{}}{12}$

c) $\frac{\boxed{}}{9} + \frac{2}{9} = \frac{8}{9}$

d) $\frac{\boxed{}}{13} - \frac{3}{13} = \frac{11}{\boxed{}}$

Brüche gleichnamig machen

Brüche kann man nur addieren (+)
oder subtrahieren (–), wenn sie
den gleichen Nenner haben.

1. Schritt: Vielfaches des ersten Nenners suchen
2. Schritt: Vielfaches des zweiten Nenners suchen
3. Schritt: **k**leinstes **g**emeinsames **V**ielfaches (kgV)
bestimmen
4. Schritt: Brüche auf den gleichen Nenner bringen

Beispiel: $\frac{2}{8}$ und $\frac{1}{6}$ gleichnamig machen

1. Vielfaches von 8: 8, 16, 24, 32, …
2. Vielfaches von 6: 6, 12, 18, 24, 30, …
3. kgV = 24
4. $\frac{2}{8} = \frac{6}{24}$; $\frac{1}{6} = \frac{4}{24}$

1 Mache die Brüche gleichnamig.

	a) $\frac{3}{8}$ und $\frac{4}{6}$	b) $\frac{3}{5}$ und $\frac{3}{4}$
1. Vielfaches des 1. Nenners	8, 16, 24, 32	
2. Vielfaches des 2. Nenners	6, 12, 18, 24	
3. KgV bestimmen	24	
4. Brüche auf den gleichen Nenner bringen.	$\frac{3}{8} = \frac{9}{24}$; $\frac{4}{6} = \frac{16}{24}$	

	c) $\frac{5}{8}$ und $\frac{7}{12}$	d) $\frac{7}{10}$ und $\frac{3}{4}$	e) $\frac{3}{7}$ und $\frac{5}{8}$
1.			
2.			
3.			
4.			

2 Brüche kann man am besten vergleichen, wenn sie gleichnamig sind. Vergleiche die Brüche.
Setze passend < oder > ein.

a) $\frac{2}{3}$ > $\frac{4}{7}$, weil

b) $\frac{9}{11}$ ☐ $\frac{5}{8}$, weil

c) $\frac{5}{6}$ ☐ $\frac{7}{10}$, weil
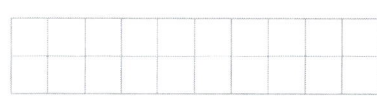

d) $\frac{5}{18}$ ☐ $\frac{7}{20}$, weil
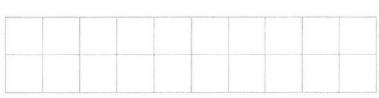

e) $\frac{3}{7}$ ☐ $\frac{5}{11}$, weil

f) $\frac{15}{12}$ ☐ $\frac{10}{8}$, weil
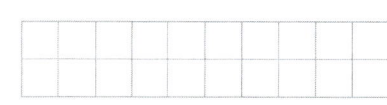

Ungleichnamige Brüche addieren und subtrahieren

1. Schritt: Brüche gleichnamig machen
2. Schritt: Zähler addieren (+) oder subtrahieren (−), Nenner beibehalten
3. Schritt: wenn möglich kürzen und in eine gemischte Zahl verwandeln

Beispiel		
	$\frac{5}{7} + \frac{11}{14}$	$\frac{14}{9} - \frac{2}{6}$
1.	$\frac{10}{14} + \frac{11}{14}$	$\frac{28}{18} - \frac{6}{18}$
2.	$\frac{10+11}{14} = \frac{21}{14}$	$\frac{28-6}{18} = \frac{22}{18}$
3.	$\frac{21}{14} = \frac{3}{2} = 1\frac{1}{2}$	$\frac{22}{18} = \frac{11}{9} = 1\frac{2}{9}$

1 Berechne. Kürze, wenn möglich und schreibe als gemischte Zahl.

	a) $\frac{5}{9} + \frac{5}{6}$	b) $\frac{1}{5} + \frac{2}{3}$	c) $\frac{3}{4} - \frac{2}{8}$	d) $\frac{6}{7} - \frac{9}{35}$
1.	$= \frac{10}{18} + \frac{15}{18}$			
2.	$= \frac{25}{18}$			
3.	$= 1\frac{7}{18}$			

	e) $\frac{13}{15} - \frac{5}{10}$	f) $\frac{5}{9} + \frac{11}{24}$	g) $\frac{13}{18} + \frac{7}{12}$	h) $\frac{7}{15} - \frac{3}{10}$
1.				
2.				
3.				

2 Addiere zwei benachbarte Zahlen und trage das Ergebnis in das Feld darüber ein.

a)

b)

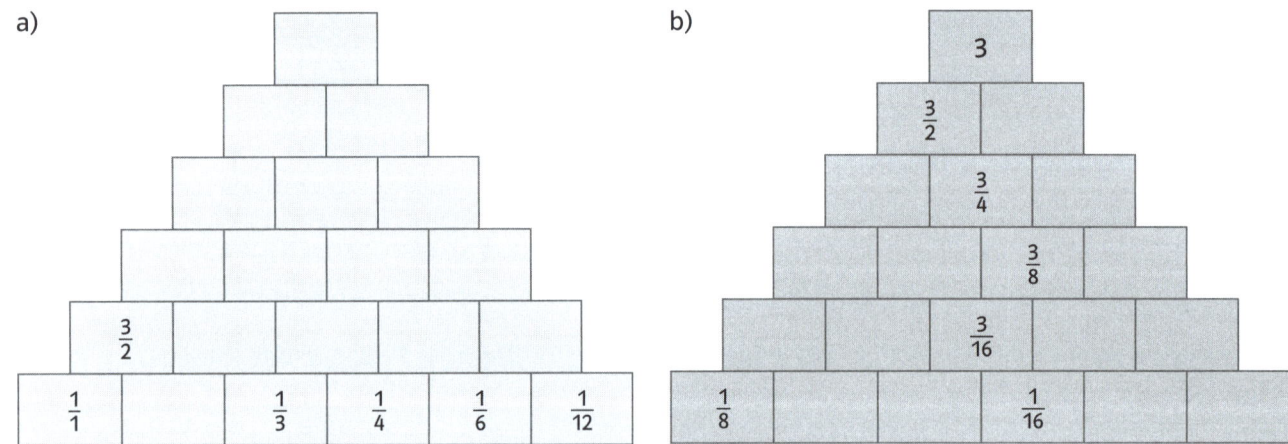

Brüche mit ganzen Zahlen multiplizieren (vervielfachen)

1. Schritt: Zähler mal ganze Zahl, Nenner beibehalten
2. Schritt: wenn möglich, kürzen
3. Schritt: Berechnen
4. Schritt: wenn möglich, in eine gemischte Zahl verwandeln

Beispiel

	$\frac{7}{4} \cdot 6$	$10 \cdot \frac{3}{8}$
1.	$= \frac{7 \cdot 6}{4}$	$= \frac{10 \cdot 3}{8}$
2.	$= \frac{7 \cdot \cancel{6}^{\,3}}{\cancel{4}_{\,2}}$	$= \frac{\cancel{10}^{\,5} \cdot 3}{\cancel{8}_{\,4}}$
3.	$= \frac{21}{2}$	$= \frac{15}{4}$
4.	$= 10\frac{1}{2}$	$= 3\frac{3}{4}$

1 Notiere unter jeder Abbildung die passende Aufgabe.

a)
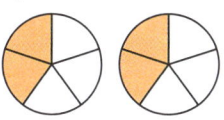 

$$2 \cdot \frac{2}{5} = \frac{4}{5}$$

b)
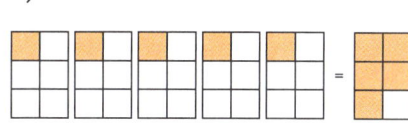

_____

c)
 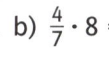 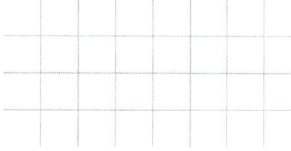

_____

d)

_____

2 Berechne. Kürze, wenn möglich, und schreibe das Ergebnis als gemischte Zahl.

a) $\frac{2}{5} \cdot 7 = \frac{2 \cdot 7}{5} = \frac{14}{5} = 2\frac{4}{5}$

b) $\frac{4}{7} \cdot 8 = $

c) $3 \cdot \frac{5}{8} = $

d) $7 \cdot \frac{10}{13} = $

e) $\frac{3}{4} \cdot 6 = $

f) $6 \cdot \frac{4}{9} = $

3 Wie viel der Zutaten braucht man, um die dreifache Menge des Cocktails zuzubereiten?

Ananassaft:

Kirschsaft:

Zitronensaft:

Ananassaft: $\frac{3}{4}$ l
Kirschsaft: $\frac{1}{4}$ l
Zitronensaft: $\frac{2}{5}$ l

Brüche mit Brüchen multiplizieren

1. Schritt: Zähler mal Zähler, Nenner mal Nenner
2. Schritt: wenn möglich, kürzen
3. Schritt: Berechnen
4. Schritt: wenn möglich, in eine gemischte Zahl verwandeln

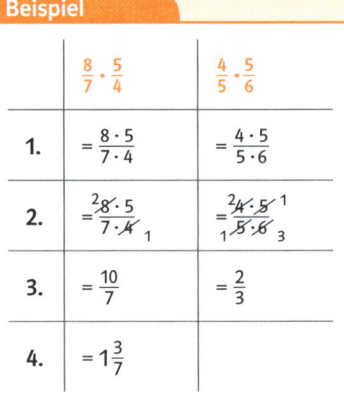

Beispiel

	$\frac{8}{7} \cdot \frac{5}{4}$	$\frac{4}{5} \cdot \frac{5}{6}$
1.	$= \frac{8 \cdot 5}{7 \cdot 4}$	$= \frac{4 \cdot 5}{5 \cdot 6}$
2.	$= \frac{\overset{2}{8} \cdot 5}{7 \cdot \underset{1}{4}}$	$= \frac{\overset{2}{4} \cdot \overset{1}{5}}{\underset{1}{5} \cdot \underset{3}{6}}$
3.	$= \frac{10}{7}$	$= \frac{2}{3}$
4.	$= 1\frac{3}{7}$	

1 Berechne. Kürze, wenn möglich, und schreibe das Ergebnis als gemischte Zahl.

a) $\frac{5}{9} \cdot \frac{3}{8}$ $= \frac{5 \cdot \overset{1}{3}}{\underset{3}{9} \cdot 8} = \frac{5}{24}$

b) $\frac{4}{7} \cdot \frac{5}{8}$ $=$

c) $\frac{4}{3} \cdot \frac{9}{8}$ $=$

d) $\frac{35}{12} \cdot \frac{18}{25}$ $=$

e) $\frac{24}{5} \cdot \frac{15}{32}$ $=$

f) $1\frac{2}{3} \cdot \frac{9}{10}$ $=$

2 Berechne die Anteile der Größen.

a) Zwei Drittel von einer Viertelstunde:

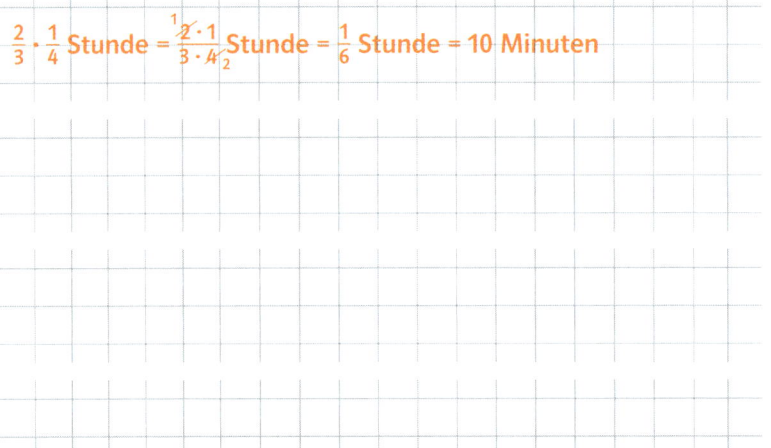

$\frac{2}{3} \cdot \frac{1}{4}$ Stunde $= \frac{\overset{1}{2} \cdot 1}{3 \cdot \underset{2}{4}}$ Stunde $= \frac{1}{6}$ Stunde $= 10$ Minuten

b) Ein Sechstel von einem $\frac{3}{4}$ Meter:

c) Ein Viertel von einem halben Kilogramm:

d) Vier Fünftel von einem halben Liter:

3 Ergänze die Rechenschlange. Kürze, wenn dies möglich ist.

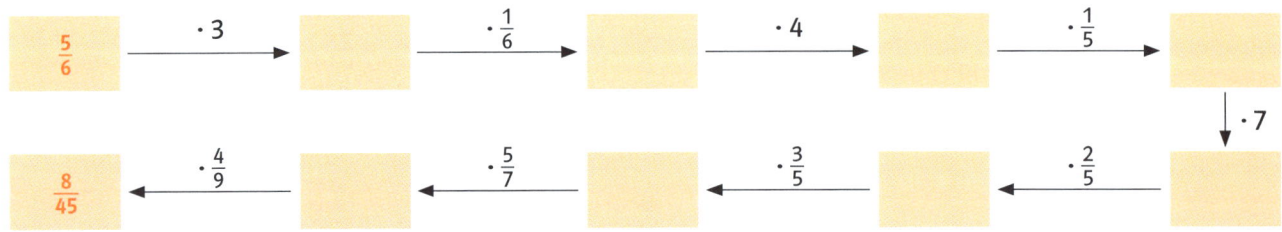

Brüche dividieren

Beispiel

	$\frac{32}{15} : \frac{16}{11}$	$\frac{4}{5} : \frac{2}{7}$
1.	$= \frac{32}{15} \cdot \frac{11}{16}$	$= \frac{4}{5} \cdot \frac{7}{2}$
2.	$= \frac{\overset{2}{\cancel{32}} \cdot 11}{15 \cdot \cancel{16}_1}$	$= \frac{\overset{2}{\cancel{4}} \cdot 7}{5 \cdot \cancel{2}_1}$
3.	$= \frac{22}{15}$	$= \frac{14}{5}$
4.	$= 1\frac{7}{15}$	$= 2\frac{4}{5}$

1 Berechne. Kürze, wenn möglich, und schreibe das Ergebnis als gemischte Zahl.

a) $\frac{5}{9} : \frac{8}{3} = $

b) $\frac{6}{5} : \frac{9}{10} = $

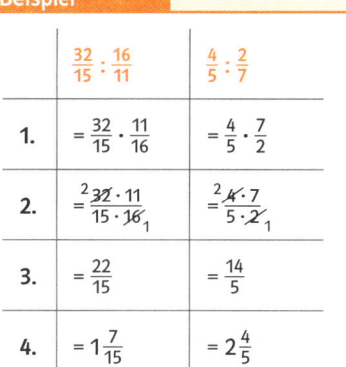

Der Kehrwert ergibt sich durch Vertauschen von Zähler und Nenner.

c) $\frac{35}{12} : \frac{55}{18} = $

d) $\frac{5}{24} : \frac{15}{32} = $

e) $1\frac{2}{3} : \frac{4}{9} = $

f) $2\frac{1}{4} : \frac{3}{8} = $

g) $1\frac{3}{4} : \frac{7}{12} = $

f) $1\frac{1}{3} : 1\frac{1}{4} = $

2 Schreibe jeweils eine Divisionsaufgabe und berechne.

a) $1\frac{1}{2}$ l Orangensaft sollen auf 4 Gläser verteilt werden. Wie viel Saft ist in einem Glas?	b) 5 Pizzen werden in $\frac{1}{3}$ –Stücke aufgeteilt. Wie viele Stücke gibt das?
$\frac{3}{2} : 4 = \frac{3}{2} \cdot \frac{1}{4} = \frac{3}{8}$ Antwort: **Es sind $\frac{3}{8}$ l pro Glas.**	 Antwort:
c) In einer Bäckerei werden in $2\frac{1}{2}$ Stunden 240 Brezeln hergestellt. Wie viele Brezeln sind das pro Stunde?	d) $2\frac{1}{2}$ kg Wurst wird in Packungen zu je $\frac{1}{4}$ kg abgepackt. Wie viele Packungen ergibt das?
   Antwort:	 Antwort:

Textaufgaben

1 Für einen Kuchen benötigt man: Die Hälfte des Mehls, die Hälfte des Zuckers, ein Viertel der Haselnüsse, ein Zehntel der Speisestärke.
Gib die Zutaten in Gramm an.

Mehl: Zucker:

Haselnüsse: Speisestärke:

Raum für Nebenrechnungen:

2 a) An einem Marathon nehmen 650 Läuferinnen und Läufer teil. $\frac{2}{5}$ davon schaffen den Marathon in unter $3\frac{1}{2}$ Stunden.

Das sind insgesamt   Läufer/-innen.

b) Die Strecke ist 42 Kilometer lang, $\frac{3}{10}$ davon gehen durch den Wald.

Die Länge der Waldstrecke beträgt   Kilometer.

c) Der Marathon beginnt um 10:45 Uhr. Der schnellste Läufer kommt nach $2\frac{1}{4}$ Stunden ins Ziel, der letzte nach $5\frac{1}{2}$ Stunden.

Ankunftszeit 1. Läufer:

Ankunftszeit letzter Läufer:

3 Niklas isst $\frac{1}{5}$ Pizza Salami, $\frac{2}{7}$ Pizza Sizilia, $\frac{2}{5}$ Pizza Diabolo und $\frac{1}{7}$ Pizza Spinat.

a) Hat er mehr oder weniger als eine ganze Pizza gegessen?

Rechnung: _____

Antwort: _____

b) $4\frac{1}{2}$ Pizzen werden in $\frac{1}{4}$-Stücken verkauft. Ein Stück kostet 1,50 €.
Wie viel Umsatz macht die Pizzeria, wenn alle Stücke verkauft werden?

Rechnung: _____

Antwort: _____

4 Manuela übt fünfmal in der Woche eine halbe Stunde Englisch. Cem übt zweimal in der Woche $1\frac{1}{2}$ Stunden.

a) Wer übt mehr?

Rechnung: _____

Antwort: _____

b) Karin will in der Woche $2\frac{1}{2}$ Stunden lernen und die Zeit auf drei Tage verteilen, an denen sie gleich lang übt. Wie viel Zeit muss sie an den drei Tagen jeweils einplanen?

Rechnung: _____

Antwort: _____

1 Berechne. Kürze, wenn möglich und schreibe als gemischte Zahl.

$\frac{13}{15} + \frac{8}{5} =$	$\frac{5}{6} + \frac{5}{9} =$	$\frac{11}{15} + \frac{7}{12} =$
○	○	○
$1\frac{7}{12} + 1\frac{4}{6} =$	$2\frac{7}{18} + 1\frac{5}{9} =$	$5\frac{2}{3} + 7\frac{3}{4} =$
○	○	○
$\frac{7}{12} - \frac{1}{4} =$	$\frac{11}{20} - \frac{2}{15} =$	$\frac{13}{14} - \frac{10}{21} =$
○	○	○
$3\frac{3}{4} - 1\frac{1}{2} =$	$2\frac{1}{6} - 1\frac{3}{8} =$	$2\frac{17}{24} - 1\frac{1}{16} =$
○	○	○
$\frac{3}{11} \cdot 2 =$	$\frac{3}{8} \cdot 16 =$	$\frac{6}{7} : 5 =$
○	○	○
$\frac{4}{9} \cdot \frac{5}{7} =$	$\frac{8}{11} \cdot \frac{7}{12} =$	$\frac{17}{18} \cdot \frac{27}{13} =$
○	○	○
$\frac{3}{8} : \frac{4}{7} =$	$\frac{5}{12} : \frac{10}{21} =$	$\frac{14}{15} : \frac{21}{35} =$
○	○	○
$1\frac{1}{2} \cdot \frac{2}{3} =$	$1\frac{2}{3} \cdot 1\frac{3}{5} =$	$3\frac{1}{4} \cdot 4\frac{2}{3} =$
○	○	○
$3 : \frac{3}{4} =$	$4\frac{3}{5} : \frac{1}{2} =$	$2\frac{4}{5} : 2\frac{1}{3} =$
○	○	○

Bronze: ▮▮▮▮▮▮▮   Silber: ▮▮▮▮▮▮▮   Gold: ▮▮▮▮▮▮▮   (Richtig gelöste Aufgaben ankreuzen. Die Lösungen findest du auf Seite 77.)

Darstellung von Zuordnungen

Bei einer Zuordnung wird einer Größe oder Zahl eine zweite Größe oder Zahl zugeordnet. Die Zuordnung kann durch eine **Tabelle** oder ein **Koordinatensystem** dargestellt werden.

Zahlen im Koordinatensystem darstellen
1. **Schritt:** Koordinatensystem mit x- und y-Achse zeichnen, Achsen beschriften
2. **Schritt:** Wertepaare eintragen

Zahlen ablesen
1. **Schritt:** Wert der x-Achse ablesen und notieren
2. **Schritt:** Wert der y-Achse ablesen und notieren

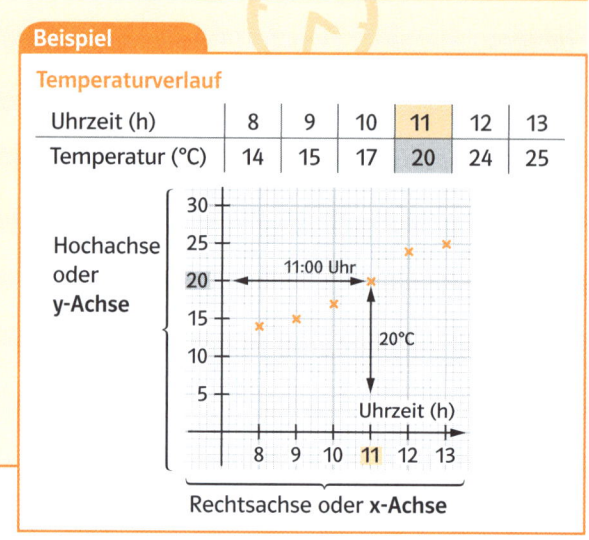

Beispiel

Temperaturverlauf

Uhrzeit (h)	8	9	10	11	12	13
Temperatur (°C)	14	15	17	20	24	25

1 Die Bevölkerungsentwicklung in Deutschland: Ergänze die Tabelle.

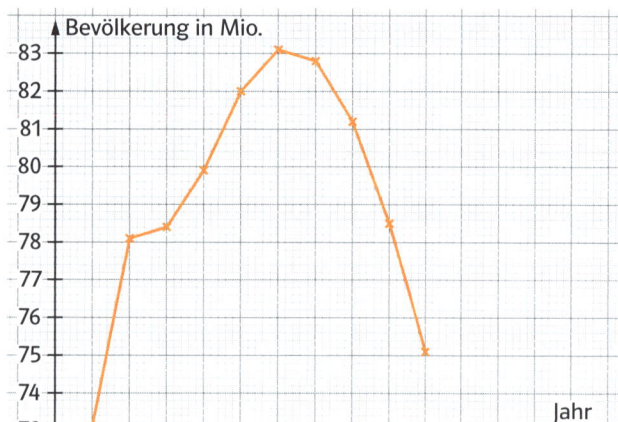

Jahr	1960	1970		2000		2050
Bevölkerung in Mio.			79,8		78,5	

2 Berechne. Zeichne zu der Tabelle ein passendes Schaubild.

Preise für Kartoffeln

Gewicht	1 kg	2 kg	2,5 kg	4 kg
Preis	1,20 €			

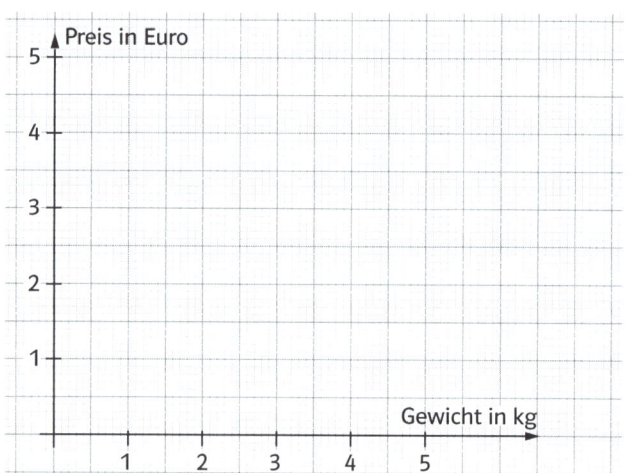

3 Ein Tretbootverleih verlangt für jede angefangene halbe Stunde 1 €.

Berechne die Gebühren zu den vorgegebenen Zeiten und übertrage die Werte in das Koordinatensystem.

Zeit in min	20	30	40	70	100
Preis in €	1				

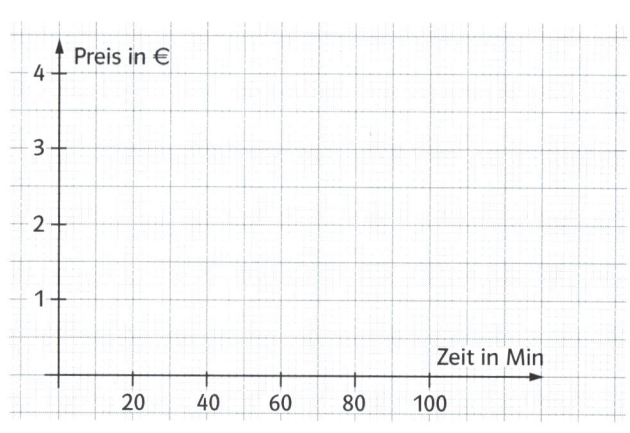

Darstellung von Zahlen in Diagrammen

Mit Hilfe von Diagrammen lassen sich Zahlen, Zeit- und Größenangaben veranschaulichen.

Säulendiagramm

Die Angaben sind durch senkrechte Balken dargestellt. Die Werte werden an der y-Achse abgelesen.

Balkendiagramm

Die Angaben sind durch waagerechte Balken dargestellt. Die Werte werden an der x-Achse abgelesen.

---

1 Bei den Olympischen Spielen in Turin wurden die Medaillen gezählt. Lies aus dem Schaubild die Anzahl der Medaillen der einzelnen Nationen ab und berechne die Summe aller Medaillen.

Nation	Gold	Silber	Bronze	Summe
Kanada	7			
USA				
Deutschland			6	
Russland				
Österreich	9			

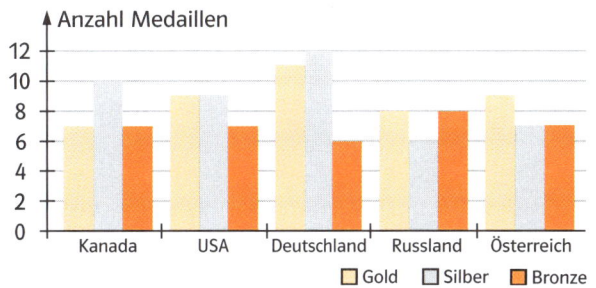

2 In einer Schule wurden Taschen gewogen.

a) Lies aus der Grafik die ermittelten Werte ab und trage alle in die Tabelle ein.

b) Es wurden insgesamt _____ Taschen gewogen.

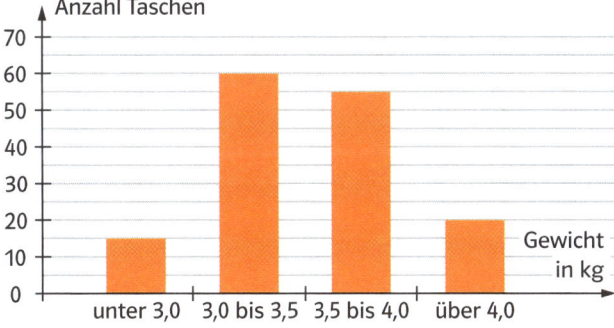

Gewicht der Tasche in kg	unter 3,0	3,0 bis 3,5	3,5 bis 4,0	über 4,0
Anzahl				

3 Veranschauliche die Längen der folgenden Flüsse im Diagramm. Runde die Längen auf Tausender.

Amazonas: 6 437 km ≈ _____

Elbe: 1 165 km ≈ _____

Indus: 2 847 km ≈ _____

Wolga: 3 685 km ≈ _____

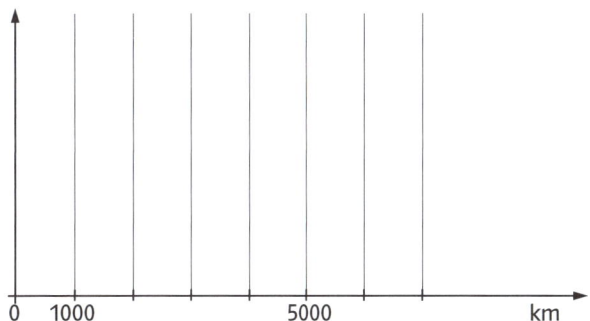

1 Runde und fertige ein Diagramm für alle Daten an.

970 000 000 Menschen sprechen Mandarin (China), 456 000 000 Menschen sprechen Englisch, 383 000 000 Menschen Hindi (Indien), 362 000 000 Menschen Spanisch, 293 000 000 Menschen sprechen Russisch und 208 000 000 Menschen Arabisch. Trage auch ein, dass im Vergleich dazu 119 000 000 Menschen Deutsch sprechen.

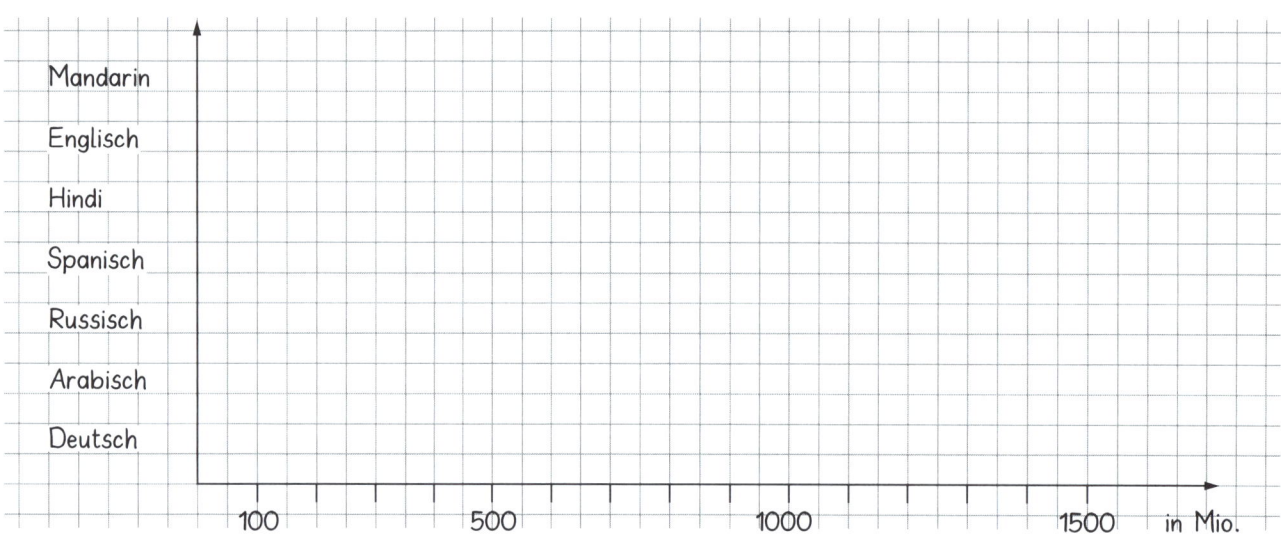

2 Betrachte das Diagramm. Entscheide, ob alle Aussagen durch das Diagramm belegt werden.

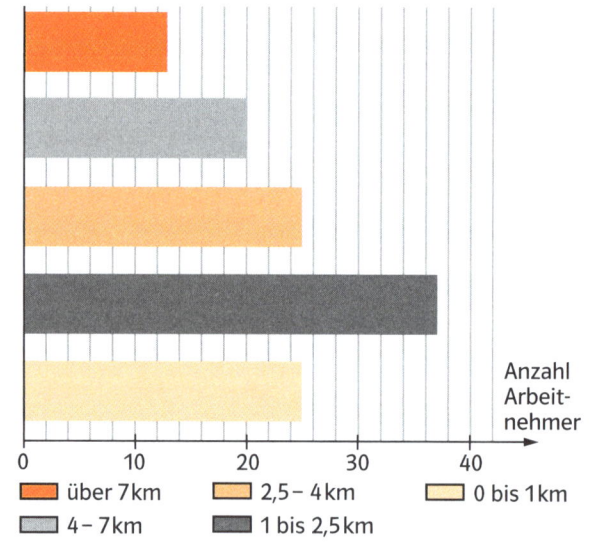

	wahr	falsch	??
a) Insgesamt wurden 110 Arbeitnehmer befragt.	○	○	○
b) Weniger als 10 Arbeitnehmer wohnen höchstens 500 m weit von der Arbeitsstelle entfernt.	○	○	○
c) Mehr als die Hälfte der Arbeitnehmer wohnt weiter als 2,5 km von der Arbeitsstelle entfernt.	○	○	○
d) Mehr als 25 Arbeitnehmer kommen mit dem Fahrrad.	○	○	○
e) Weniger als $\frac{1}{3}$ der Arbeitnehmer wohnt weiter als 4 km von der Arbeitsstelle entfernt.	○	○	○
f) Mindestens 40 Arbeitnehmer wohnen in einer Entfernung zwischen 2,5 km und 7 km.	○	○	○
g) 5 Arbeitnehmer wohnen weiter als 7 km entfernt.	○	○	○
h) $\frac{3}{4}$ aller Arbeitnehmer wohnen außerhalb eines Radius von 1 km.	○	○	○

Dreisatz mit geradem/proportionalem Verhältnis

Gilt für ein Verhältnis von zwei Größen:
„je mehr – desto mehr" oder „je weniger – desto weniger", so nennt man dies ein **gerades Verhältnis** oder **proportionales Verhältnis**.

Die gesuchte Größe kann mit dem **Dreisatz** berechnet werden.

1. Schritt: Zuordnung in eine Tabelle eintragen
2. Schritt: Anteil „1" ausrechnen
3. Schritt: gewünschte Menge ausrechnen

Beispiel

3 Kiwis kosten 1,20 €. Wie viel kosten 5 Kiwis?

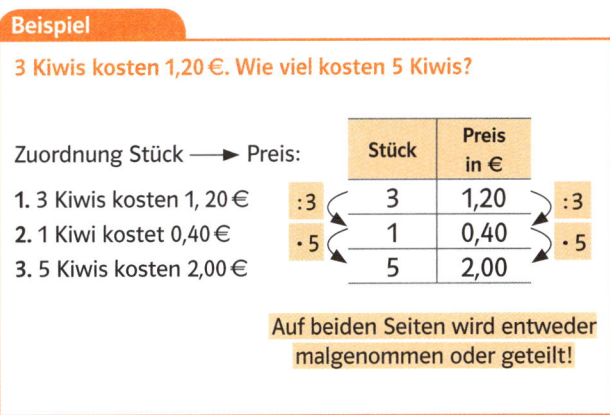

Zuordnung Stück ⟶ Preis:

1. 3 Kiwis kosten 1, 20 €
2. 1 Kiwi kostet 0,40 €
3. 5 Kiwis kosten 2,00 €

	Stück	Preis in €	
:3	3	1,20	:3
·5	1	0,40	·5
	5	2,00	

Auf beiden Seiten wird entweder malgenommen oder geteilt!

1 Entscheide, welche Zuordnungen ein gerades Verhältnis haben.

Gerades Verhältnis?	ja	nein
Benzinmenge in Liter ⟶ Preis pro Liter in €		
Geldwert in € ⟶ Geldwert in Britische Pfund		
Alter eines Menschen in Jahren ⟶ Körpergröße in cm		
Gewicht eines Briefes ⟶ Portogebühr in €		
kW-Wert eines Autos ⟶ Geschwindigkeit des Autos		

Zuordnungsaufgaben können auf unterschiedliche Arten gelöst werden. Notiere hier, wie du die Lösung der Beispielaufgabe gelernt hast.

2 5 m Stoff kosten 80 €. Wie viel kosten 3 m vom gleichen Stoff?

3 Aus einem Wasserhahn strömen 8 l Wasser in 24 Sekunden aus. Wie lange dauert es, bis ein 15-l-Eimer gefüllt ist?

4 Für 10 Euro bekommt man 13 US-Dollar. Wie viel US-Dollar bekommt man für 25 €?

5 5 Knäuel Wolle kosten 20 €. Für einen Pullover werden 7 Knäuel gebraucht. Wie viel kostet die Wolle für den Pullover?

6 Für 12 m² Wandfläche werden 540 Fliesen gebraucht. Wie viele Fliesen werden für 5 m² benötigt?

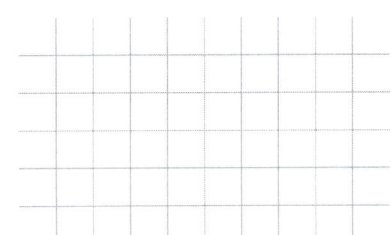

7 20 Bonbons wiegen 160 g. Wie viel wiegen 7 Bonbons?

Gilt für ein Verhältnis von zwei Größen: „je mehr – desto weniger" oder „je weniger – desto mehr", so nennt man dies ein **ungerades Verhältnis** oder **umgekehrt proportionales Verhältnis**. Auch hier kann die gesuchte Größe mit dem **Dreisatz** berechnet werden.

1. Schritt: Zuordnung in eine Tabelle eintragen
2. Schritt: Anteil „1" ausrechnen
3. Schritt: gewünschte Menge ausrechnen

Beispiel

4 Arbeiter schaffen einen Umzug in 3 Stunden. Wie viele Stunden brauchen 6 Arbeiter?

Zuordnung Arbeiter ⟶ Zeit:
1. 4 Arbeiter brauchen 3 h
2. 1 Arbeiter braucht 12 h
3. 6 Arbeiter brauchen 2 h

	Anzahl Arbeiter	Zeit	
:4	4	3	·4
·6	1	12	:6
	6	2	

Wird auf der einen Seite malgenommen, dann wird auf der anderen Seite geteilt!

1 Entscheide, welche Zuordnungen ein ungerades Verhältnis haben.

Ungerades Verhältnis?	ja	nein
Größe eines Kekses ⟶ Anzahl der Kekse aus einem Teig		
Größe eines Glases ⟶ Fassungsvermögen eines Glases		
Brenndauer einer Kerze ⟶ Länge einer Kerze		
Geldbetrag ⟶ Anzahl der benötigen Münzen		

Notiere hier, wie du die Lösung der Beispielaufgabe gelernt hast:

2 Ein Lottogewinn von 120 000 € soll auf eine Tippgemeinschaft aufgeteilt werden. Wie viel Euro erhält jedes Mitglied der Tippgemeinschaft bei der angegebenen Gruppengröße?

Anzahl der Personen	1	2	3	4	5	6	8
Gewinn (in €)							

3 2 Maler brauchen für das Streichen eines Schulgebäudes 12 Arbeitstage. Wie lange brauchen 3 Maler?

4 Ein Florist bindet 8 Sträuße mit jeweils 15 Tulpen. Wie viele Sträuße kann er binden, wenn nur 10 Tulpen in einem Strauß sind?

5 Der Futtervorrat reicht bei 12 Kühen für 28 Tage. Wie lange reicht er bei 7 Kühen?

Gerader und ungerader Dreisatz

1 Lassen sich die Aufgaben mit dem Dreisatz lösen? Kreuze die Aufgaben an, bei denen eine Lösung mit dem Dreisatz möglich ist. Berechne danach für zwei der Aufgaben die Lösungen.

a) Eike ist 16 Jahre alt und 1,74 m groß. Seine Schwester ist 19 Jahre alt. Wie groß ist sie? ◯

b) In eine Tasse passen 150 g Reis. Wie viel Gramm sind es, wenn mit der Tasse $2\frac{1}{2}$ Tassen Reis abgemessen werden? ◯

c) 500 Blatt Kopierpapier ergeben einen 5 cm hohen Papierstapel. Aus wie vielen Blättern besteht ein Stapel, der 3,5 cm hoch ist? ◯

d) Ein Freibadbecken wird mit Wasser befüllt. Nach 4 Stunden sind 80 000 Liter Wasser im Becken. Wie viel Liter sind es nach 5 Stunden? ◯

e) Ein Langstreckenläufer benötigt für 3 000 m etwa 9 Minuten. Wie lange braucht er für 10 000 m? ◯

2 Handelt es sich bei den Aufgaben um gerade oder ungerade Verhältnisse? Berechne die Lösung.

a) Aus 9 kg Hartweizen werden 3 000 Spaghetti hergestellt. Wie viel Hartweizen braucht man für 4 000 Spaghetti?	b) Die 3 000 produzierten Spaghetti haben eine Länge von 30 cm. Wie viele 50 cm lange Spaghetti können produziert werden?	c) Die Spaghetti-Fabrik produziert 560 Packungen mit je 250 g Inhalt. Wie viele Packungen mit 1 kg können stattdessen hergestellt werden?
◯ gerade ◯ ungerade	◯ gerade ◯ ungerade	◯ gerade ◯ ungerade
Antwort: _____ kg	Antwort: _____ Stück	Antwort: _____ Pakete

3 Malermeister Kuhn sagt: „Mit 2 Litern Farbe können 10 m^2 Wandfläche gestrichen werden."

a) In einem Farbeimer sind 5 Liter Wandfarbe. Welche Fläche kann damit gestrichen werden?

b) Wie viel Liter Farbe benötigt man für eine Fläche von 35 m^2?

c) Von einem 10-Liter-Eimer sind bereits 6 Liter verbraucht. Reicht die Farbe noch für die restlichen 25 m^2?

Antwort: _____ m^2

Antwort: _____ l

Antwort: _____

Dreisatz mit geradem und ungeradem Verhältnis

1 Ein Arbeitnehmer verdient in 7 Stunden 63,00 €. Wie viel verdient er in einem Monat mit 21 Arbeitstagen und einer täglichen Arbeitszeit von 8 Stunden?

Antwort: _____

Lösen von Textaufgaben mit dem Dreisatz:

1. **Schritt:** Zuordnung notieren
2. **Schritt:** Welche Zuordnung liegt vor: ein gerades oder ein ungerades Verhältnis?
3. **Schritt:** Berechnen
4. **Schritt:** Antwort notieren

2 Eine Reisegruppe kommt mit 4 vollbesetzten Bussen mit jeweils 48 Sitzplätzen in einen Safaripark. Dort muss sie in Busse mit 12 Sitzplätzen umsteigen. Wie viele Busse muss der Reiseveranstalter bereitstellen?

Antwort: _____

3 Der Computer-Raum einer Schule muss mit optischen Mäusen ausgestattet werden. Drei Stück gibt es schon, diese kosteten 50,85 €. Insgesamt werden 22 Stück benötigt.

Gesamtkosten: _____

4 Um ein Brückengeländer zu streichen, benötigen 9 Arbeiter 16 Tage. Vor Beginn der Arbeit wird eine Person krank und fällt aus. Um wie viele Tage verzögert sich die Arbeit?

Antwort: _____

5 Familie Meier zahlt für ihre 70 m²-Wohnung 315 € Miete. Wie viel zahlen die Nachbarn bei gleichem Quadratmeterpreis für ihre 88 m²-Wohnung?

Antwort: _____

6 Zwei Zahnräder mit unterschiedlicher Anzahl an Zähnen greifen ineinander. Das kleine Zahnrad hat 24 Zähne, das große hat 68 Zähne.

a) Das kleine Zahnrad dreht sich in einer Minute 17-mal. Wie oft dreht sich das große Zahnrad?

Antwort: _____

b) Wie viele Zähne müsste das Zahnrad haben, wenn es sich nur 4-mal drehen soll?

Antwort: _____

1 Berechne mit dem Dreisatz.

10 kg Kartoffeln kosten 3,50 €. Wie viel Euro kosten 30 kg? ○	10 kg Äpfel kosten 14 Euro. Wie viel kosten 7 kg? ○	1 kg Aufschnitt kostet 9,80 €. Wie viel kosten 450 g Aufschnitt? ○
5 LKWs fahren einen Schuttberg in 12 Tagen ab. Wie viele Tage benötigen 6 LKWs? ○	Eine Busfahrt kostet bei 21 Schülern für jeden Schüler 24,00 €. Wie viel Euro muss jeder bezahlen, wenn nur 20 Schüler mitfahren? ○	Die Vorräte im Basislager reichen 12 Bergsteigern 36 Tage. Wie viele Tage können 18 Bergsteiger von den Vorräten leben? ○
Aus einem Rohr laufen in 15 Minuten 3 600 Liter Öl. Wie viel Liter laufen in 25 Minuten aus dem Rohr? ○	In einer Abfüllanlage werden in $1\frac{1}{2}$ Minuten 45 l Fruchtsaft abgefüllt. Wie viel Liter Fruchtsaft werden in 7 Minuten abgefüllt? ○	Ein Gewinn wird an 12 Personen verteilt, jede Person erhält 5 928 €. Wie viel Euro erhält jeder bei einer Verteilung an 13 Personen? ○

Bronze: Silber: | | | | Gold: | | | | | | (Richtig gelöste Aufgaben ankreuzen. Die Lösungen findest du auf Seite 77.)

Prozentrechnen: Grundbegriffe

Beim Prozentrechnen werden die folgenden Begriffe verwendet:

Prozentsatz

50%	30%	20%

→ der Anteil vom Ganzen in Prozent (kurz: p%)

Prozentwert

150 €	90 €	60 €

→ der Anteil vom Ganzen in der Einheit (kurz: W)

Grundwert

300 €

→ das Ganze (kurz: G)

Der Grundwert entspricht immer 100 %.

---

1 Bestimme in den folgenden Aufgaben den Prozentsatz (p%), den Prozentwert (W) und den Grundwert (G).

a) Von 20 Aufgaben __G__ wurden 80% __p%__ richtig gelöst. Das sind genau 16 Aufgaben __W__ .

b) 6 _____ von 30 Schülern _____ einer Klasse kommen mit dem Auto in die Schule. Das entspricht genau 20% _____ .

c) Von den angelieferten 60 Handys _____ wurden 24 Handys _____ – also 40% _____ – sofort verkauft.

d) 25% _____ ihrer gesparten 200 € _____ hat Susanne ausgegeben, nämlich genau 50 € _____ .

e) Die Stiftung Warentest hat insgesamt 658 Tests _____ bei Weintrauben durchgeführt. Bei 15 Prozent _____ der Proben und damit in 100 Fällen _____ wurden zu viele Schadstoffe gefunden.

2 Was soll hier berechnet werden? Kreuze an.

	Prozentsatz	Prozentwert	Grundwert
a) 20% von 3 000 t.	O	O	O
b) 12,5 % sind 80 €.	O	O	O
c) 45 kg von 360 kg.	O	O	O
d) 40 % sind 1 500 Stück.	O	O	O

3 Lies den nebenstehenden Text genau durch. Ermittle danach die genauen Anzahlen der Schülerinnen und Schüler. Entscheide bei jeder berechneten Zahl, ob es sich um den Grundwert, Prozentwert oder Prozentsatz handelt.

Zum Thema „Mobbing" wurden 960 Schülerinnen und Schüler befragt. 480 davon sind beleidigt oder bedroht worden. 40 Prozent waren Ziel von massiven verbalen Angriffen, 25 Prozent Opfer einer Bedrohung.
Eine andere Befragung ergab, dass 10 Prozent gelegentlich unter Kopf- oder Bauchschmerzen bei Klassenarbeiten leiden.

a) Gesammtzahl der befragten Personen: __960__

☒ Grundwert ☐ Prozentwert ☐ Prozentsatz

b) Beleidigungen oder Bedrohungen: _____

☐ Grundwert ☐ Prozentwert ☐ Prozentsatz

c) Bedrohung: _____

☐ Grundwert ☐ Prozentwert ☐ Prozentsatz

d) Kopf- und Bauchschmerzen: _____

☐ Grundwert ☐ Prozentwert ☐ Prozentsatz

Prozentwert berechnen

1. **Schritt:** gegebene Werte bestimmen
2. **Schritt:** gegebene Werte in die Prozentformel einsetzen
3. **Schritt:** Prozentwert berechnen
4. **Schritt:** Antwort notieren

Beispiel

Wie viel sind 60 % von 250 Metern?

1.	$G = 250\,m$ $p\% = 60\%$ also $p = 60$	
2.	$250\,m \cdot \frac{60}{100}$	$W = G \cdot \frac{p}{100}$

3.	mit Dezimalzahlen: $250\,m \cdot 60 : 100$ $= 250\,m \cdot 0{,}6 = 150\,m$	mit Brüchen: $250 \cdot \frac{\overset{3}{60}}{\underset{5}{100}} = 150\,m$

4.	Antwort: 60 % von 250 m sind 150 m.

Du kannst den Prozentwert auch mit dem Dreisatz berechnen:

$250\,m = 100\%$ $:100$
$2{,}5\,m = 1\%$ $:100$
$150\,m = 60\%$ $\cdot 60$
$\cdot 60$

1   Bestimme den Prozentwert im Kopf.

a) 1 % von 200 € =

b) 4 % von 200 kg =

c) 80 % von 200 € =

2   Bestimme den Prozentwert W. Notiere deinen Lösungsweg.

a) 24 % von 50 km =

b) 25 % von 220 kg =

c) 70 % von 920 cm =

3   Bestimme den Prozentwert W.

a) 45 % von 320 m =

b) 85 % von 180 l =

c) 30 % von 330 g =

d) 125 % von 321 m =

e) 130 % von 1700 € =

f) 20 % von 70 l =

g) 15 % von 250 € =

h) 2 % von 420 t =

4   Kartoffeln bestehen zu 76 % aus Wasser. Wie viel Gramm Wasser sind in 750 kg Kartoffeln enthalten?

G =   p % =

Antwort: _____

5   Eine Kücheneinrichtung kostet 6 000 €. Bei Barzahlung bekommt Herr Krause 3 % des Kaufpreises abgezogen. Wie viel zahlt er weniger?

G =   p % =

Antwort: _____

Prozentsatz berechnen

1. Schritt: gegebene Werte bestimmen
2. Schritt: gegebene Werte in die Prozentformel einsetzen
3. Schritt: Prozentsatz p% berechnen
4. Schritt: Antwort notieren

Berechnung mit dem Dreisatz:

: 250 → 250 Schüler = 100 % ← : 250
1 Schüler = 0,4 %
· 25 → 25 Schüler = 10 % ← · 25

Beispiel

Beispiel: Wie viel Prozent sind 25 von 250 Schülern?

1. G = 250   W = 25

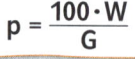

$$p = \frac{100 \cdot W}{G}$$

2. $p = \frac{100 \cdot 25}{250}$

3. mit Dezimalzahlen:
p = 100 · 25 : 250
= 2 500 : 250
= 10

mit Brüchen:
$p = \frac{100 \cdot \overset{1}{\cancel{25}}}{\underset{10}{\cancel{250}}} = \frac{\overset{10}{\cancel{100}}}{\underset{1}{\cancel{10}}} = 10$

p = 10 also p % = 10 %

4. 25 von 250 Schülern sind 10 %.

1 Bestimme den Prozentsatz p %. Notiere deinen Lösungsweg.

a) 15 cm von 60 cm

b) 36 kg von 80 kg

c) 36 cm von 48 cm

p % =   p % =   p % =

 2 Bestimme den Prozentsatz p %.

a) 15 m von 20 m   p % =

b) 360 l von 400 l   p % =

c) 17 € von 85 €   p % =

d) 84 kg von 150 kg   p % =

e) 13 m von 55 m   p % =

f) 4 km von 44 km   p % =

g) 13 kg von 65 kg   p % =

h) 90 cm von 125 cm   p % =

3 Bei einer Radarkontrolle von 350 Autos fuhren 42 Autos zu schnell. Wie viel Prozent der Autos fuhren zu schnell?

G =   P =

Antwort: _____

4 Herr Schulte hat 1 500 € auf seinem Konto. Am Jahresende bekommt er 60 € Zinsen. Wie viel Prozent Zinsen hat er bekommen?

G =   P =

Antwort: _____

 5 In 500 g weißen Bohnen sind 10 g Fett, 105 g Eiweiß und 285 g Kohlenhydrate enthalten. Berechne den jeweiligen Prozentsatz und trage das Ergebnis in die Tabelle ein.

500 g Bohnen enthalten	Fett	Eiweiß	Kohlehydrate

Grundwert berechnen

1. **Schritt:** gegebene Werte bestimmen
2. **Schritt:** gegebene Werte in die Prozentformel einsetzen
3. **Schritt:** Grundwert G berechnen
4. **Schritt:** Antwort notieren

Berechnung mit dem Dreisatz:

$: 25$ 25 % = 15 € $: 25$
1 % = 0,6 €
$\cdot\, 60$ 100 % = 60 € $\cdot\, 100$

Beispiel

Eine Jeans wurde um 25 % reduziert. Das sind 15 €.

1. | W = 15 €   p % = 25 %
   | also p = 25

$$G = \frac{100 \cdot W}{p}$$

2. $G = \frac{100 \cdot 15}{25}$

3.
mit Dezimalzahlen:	mit Brüchen:
G = 100 · 15 : 25 = 1500 : 25 = 60	$G = \frac{100^{4} \cdot 15}{25_{1}} = 60$

4. Die Jeans kostete vorher 60 €.

---

1 Bestimme den Grundwert G.

a) 20 % von G sind 60 €.

G = [   ]

b) 60 % von G sind 36 kg.

G = [   ]

c) 15 % von G sind 72 m.

G = [   ]

c) 16 % von G sind 48 €.

G = [   ]

d) 30 % von G sind 150 cm.

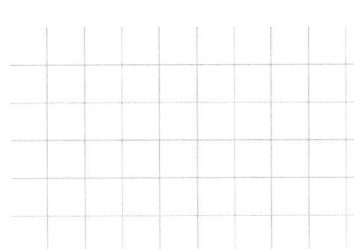

G = [   ]

e) 27 % von G sind 108 m.

G = [   ]

 2 Bestimme den Grundwert G.

a) 10 % von G sind 69 m   G = [   ]
b) 40 % von G sind 60 €   G = [   ]
c) 40 % von G sind 24 l   G = [   ]
d) 25 % von G sind 4 kg   G = [   ]
e) 9 % von G sind 117 km   G = [   ]
f) 2 % sind 26 m   G = [   ]
g) 5 % von G sind 37,50 €   G = [   ]
h) 8 % von G sind 92,80 €   G = [   ]

 3 Für die Autohaftpflicht zahlt Frau Pflug 450 €. Das sind 60 % der vollen Prämie. Wie viel Euro beträgt die volle Prämie?

Gegebene Werte: _____

Antwort: _____

51

Verminderter oder vermehrter Grundwert

Beim Prozentrechnen ist es wichtig zu beachten, ob der Prozentwert vom Grundwert abgezogen wird oder ob der Prozentwert zum Grundwert hinzugezählt wird.

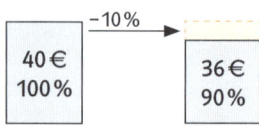

Beispiel: Verminderter Grundwert

Im Sommerschlussverkauf wird ein Pullover für 40 € um 10 % reduziert.

➔ Vom Grundwert werden 10 % abgezogen.

Neuer Prozentsatz: 100 % − 10 % = 90 %

Rechnung: 90 % von 40 €: $40 \cdot \frac{90}{100} = 36$ €

Antwort: Der Pullover kostet nun 36 €.

40 €
100 % − 10 % → 36 €
90 %

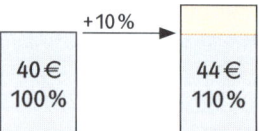

Beispiel: Vermehrter Grundwert

Eine Monatskarte für den Bus kostet 40 €. Zum neuen Jahr erhöhen die Verkehrsbetriebe den Preis um 10 %.

➔ Zum Grundwert werden 10 % hinzugezählt.

Neuer Prozentsatz: 100 % + 10 % = 110 %

Rechnung: 110 % von 40 €: $40 \cdot \frac{110}{100} = 44$ €

Antwort: Die Fahrkarte kostet nun 44 €.

40 €
100 % + 10 % → 44 €
110 %

1 Bestimme den neuen Grundwert.

	a)	b)	c)	d)
Anfangswert	700 €	500 €	420 €	325 €
Veränderung	+ 3 %	− 7 %	− 11 %	+ 15 %
Neuer Prozentsatz	103 %			
Ergebnis	721			

2 Laut Katalog soll ein Computer komplett 980 € kosten. Es kommen noch 19 % dieses Preises als Mehrwertsteuer hinzu. 2 % des Gesamtpreises können bei Barzahlung wieder abgezogen werden.

a) Berechne den Endpreis bei Kartenzahlung.

b) Berechne den Endpreis bei Barzahlung.

3 Nach einer Mieterhöhung um 3,5 % zahlt Familie Müller 724,50 € Miete. Wie viel hat die Familie vor der Mieterhöhung bezahlt?

Antwort: _____

Textaufgaben: Grundwert, Prozentwert und Prozentsatz

1 Ein Mountainbike kostet 480 €. Im Sonderverkauf zahlt man nur 75 %.

Gegebene Werte: G = 480 €, p %= 75 %   Gesuchter Wert: W _____

Formel: $W = \dfrac{G \cdot p}{100}$ Rechnung:

Prozentrechnung:

$W = \dfrac{G \cdot p}{100}$

$p = \dfrac{100 \cdot W}{G}$

$G = \dfrac{100 \cdot W}{p}$

Antwortsatz: _____

2 Beim Kauf seines Autos macht Herr Seifer eine Anzahlung von 4 500 €. Das sind 25 % des Kaufpreises. Wie viel kostet das Auto insgesamt?

Gegebene Werte: _____   Gesuchter Wert: _____

Formel: [ ]   Rechnung:

Antwortsatz: _____

3 Im Astoria-Kino kostet die Eintrittskarte normalerweise 4 €. Wegen Überlänge des Films wird ein Zuschlag von 25 % erhoben. Wie viel Euro kostet der Eintritt bei Überlänge?

Gegebene Werte: _____   Gesuchter Wert: _____

Formel: [ ]   Rechnung:

Antwortsatz: _____

4 Ulrike sucht sich in der Secondhand-Buchhandlung LESEBAR zwei Taschenbücher für je 3,95 €, je eines für 6,95 € bzw. 7,95 € und eines für 13,00 € aus.

a) Was bezahlt Ulrike ohne Rabatt? [   ]

b) Mit dem Rabatt muss sie nur noch [   ] bezahlen.

Bei 5 Taschenbüchern 15% RABATT!

5 Ein Händler hat zu Ferienbeginn alle Preise um 10 % reduziert. Zu Schuljahresbeginn werden die Preise um 10 % erhöht. Gelten jetzt die alten Preise?

−10 %   + 10 %   Alter Preis?   −10 %   + 10 %   Alter Preis?

24 € [   ] [   ] [ ] ja [ ] nein   50,00 € [   ] [   ] [ ] ja [ ] nein

1 Frau Burger erhält einen Bruttolohn von 3100 €.
Berechne die Abgaben und den Nettolohn.

Bruttolohn	3100,00 €
Lohnsteuer: 11% des Bruttolohns	
Solidaritätszuschlag: 5,5% der Lohnsteuer	
Kirchensteuer: 8% der Lohnsteuer	
Krankenversicherung: 15,5% des Bruttolohns	
Rentenversicherung: 9,75% des Bruttolohns	
Arbeitslosenversicherung: 3,25% des Bruttolohns	
Pflegeversicherung: 0,85% des Bruttolohns	
Nettolohn	

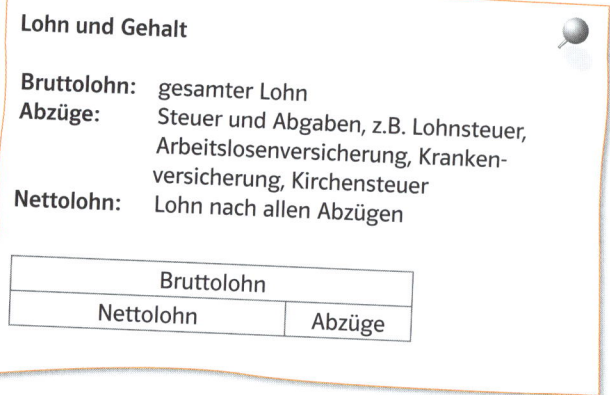

Lohn und Gehalt

Bruttolohn: gesamter Lohn
Abzüge: Steuer und Abgaben, z.B. Lohnsteuer, Arbeitslosenversicherung, Kranken-versicherung, Kirchensteuer
Nettolohn: Lohn nach allen Abzügen

Bruttolohn	
Nettolohn	Abzüge

2 Frau Stahl hat ihre Lohnabrechnung erhalten.

a) Wie viel Prozent ihres Bruttolohns bekommt Frau Stahl ausbezahlt? Runde sinnvoll.

Rechnung:

Antwort:

Lohnabrechnung *Januar*
Mirjam Stahl

ledig	*0*	*rk*	*1*
Familienstand	Kinder	Religion	Steuerklasse

164	*10,40 €*		*1705,60 €*
Stunden	Stundenlohn		**Bruttolohn**
			183,16 € Lohnsteuer
			10,07 € Solidaritätszuschlag
			14,65 € Kirchensteuer
			166,30 € Rentenversicherung
			114,28 € Krankenversicherung
			55,43 € Arbeitslosenversicherung
			14,50 € Pflegeversicherung
			1147,21 € **Nettolohn**

b) Die Höhe der Kirchensteuer ist in den Bundesländern unterschiedlich.
Manche verlangen 8%, andere 9% von der Lohnsteuer.
Welcher Prozentsatz ist es bei Frau Stahl?   ○ 8%   ○ 9%

c) Berechne die Prozentsätze der einzelnen Sozialversicherungen. Bedenke, dass die Sozialversicherungen vom Bruttolohn ausgehend berechnet werden.

Rentenversicherung: _____ %   Krankenversicherung: _____ %

Arbeitslosenversicherung: _____ %   Pflegeversicherung: _____ %

3 Das Bruttogewicht einer Kiste mit Kartoffeln beträgt 94 Kilo. Die Verpackung wiegt 14,1 kg.

a) Wie viel Prozent des Gewichts macht die Verpackung aus? _____ %

b) Wie groß ist das Nettogewicht? _____ kg

c) Wie viel Prozent vom Bruttogewicht ist das Nettogewicht? _____ %

Gewicht

Bruttogewicht: Gesamtgewicht
Tara: Gewicht der Verpackung
Nettogewicht: Gewicht ohne Verpackung

Bruttogewicht	
Nettogewicht	Tara

1 Berechne den Prozentwert W.

75 % von 120 l =   39 % von 250 kg =   83 % von 82,4 cm =

○   ○   ○

2 Berechne den Prozentsatz p%.

88 € von 400 € =   16 € von 80 € =   8 € von 125 € =

○   ○   ○

3 Berechne den Grundwert G.

20 % von G sind 30 cm.   62 % von G sind 80 €.   15 % von G sind 125 €.

○   ○   ○

4 Berechne den fehlenden Wert.

Anfangswert: 550 €   Anfangswert: 345 kg   Anfangswert: 36,40 €
Veränderung: + 6 %   Veränderung: − 11 %   Veränderung: − 32,5 %
Ergebnis: Ergebnis: Ergebnis:

○   ○   ○

5

Das Holz für ein Regalsystem kostet 650 €. Für das Zuschneiden wird ein Zuschlag von 20 % erhoben. Wie viel Euro sind zu zahlen?

In einer Regentonne sind 91 Liter. Damit ist sie 65 % gefüllt. Wie groß ist das Fassungsvermögen der Regentonne?

Auf den Netto-Rechnungsbetrag einer Stromrechnung von 1600 € werden 19 % Mehrwertsteuer aufgeschlagen. Der Stromanbieter gewährt bei Einzug vom Konto 3 % Rabatt. Berechne den Gesamtpreis.

○   ○   ○

Bronze: | | | | Silber: | | | | | Gold: | | | | | | (Richtig gelöste Aufgaben ankreuzen. Die Lösungen findest du auf Seite 78.)

Zinsrechnen - Grundbegriffe

Die Zinsrechnung ist die Anwendung der Prozentrechnung bei Geldgeschäften.

Prozentrechnung	Grundwert G	Prozentsatz p%	Prozentwert W
Zinsrechnung	Kapital K	Zinssatz p%	Jahreszinsen Z

Zinsen:

Habenzinsen erhält man für Guthaben auf Konten.
Sollzinsen muss man für Darlehen oder Kredite bezahlen.

1 Bestimme Kapital, Zinssatz und Jahreszinsen.

a) Jenny hat auf ihrem Sparbuch 600 €. Das Geld wird zu 6 % verzinst. Sie erhält nach einem Jahr 36 € Jahreszinsen.

Kapital: **K = 600 €** Zinssatz: **p % = 6 %** Jahreszinsen: **Z = 36 €**

b) Bei der Bank kann man Sparbriefe kaufen. Sie erbringen im Jahr 7 % Zinsen. Nach einem Jahr bekommt man 350 € für 5 000 € ausbezahlt.

Kapital: Zinssatz: Jahreszinsen:

c) Frau Kapell will ein Auto kaufen. Sie nimmt bei der Bank ein Darlehen über 15 000 € auf. Sie muss 1 200 € Jahreszinsen zahlen. Das sind 8 %.

Kapital: Zinssatz: Jahreszinsen:

d) Frau Schröder hat 600 000 € geerbt. Wenn sie diese zu 8 % anlegen kann, erhält sie jährlich 48 000 €.

Kapital: Zinssatz: Jahreszinsen:

e) Herr Masch hat 9 000 € zu 9 % an einen Freund verliehen. Nach einem Jahr bekommt er 9 810 € zurück.

Kapital: Zinssatz: Jahreszinsen:

f) Frau Brehm träumt: Sie möchte so viel Geld gewinnen, dass sie jeden Monat 3 000 € aus Zinsen zu Verfügung hätte. Das wären 36 000 € im Jahr. Bei einem Zinssatz von 6 % müsste sie 600 000 € gewinnen.

Kapital: Zinssatz: Jahreszinsen:

2 Was soll hier berechnet werden? Kreuze an.

	Zinssatz	Jahreszinsen	Kapital
a) 2,5 % von 3 000 €.	○	○	○
b) 8 % sind 80 €.	○	○	○
c) 60 Euro von 800 €.	○	○	○
d) 40 % sind 500 €.	○	○	○
e) 45 € von 350 €.	○	○	○
f) 7 % von 350 €.	○	○	○

Jahreszinsen berechnen

1. **Schritt:** gegebene Werte bestimmen
2. **Schritt:** gegebene Werte in die Zinsformel einsetzen
3. **Schritt:** Jahreszinsen Z berechnen
4. **Schritt:** Antwort notieren

Beispiel

Wie viel Jahreszinsen erhält man bei einem Kapital von 600 € bei einer Verzinsung von 7%?

1. K = 600 €   p% = 7%
    also p = 7

2. $600 € \cdot \frac{7}{100}$

$$Z = K \cdot \frac{p}{100}$$

3. 600 € · 0,07 = 42 €

4. Man erhält 42 € Jahreszinsen.

---

1 Herr Schmidt hat 9 000 € in Sparbriefen angelegt. Der Zinssatz beträgt 4%. Wie viel Euro Zinsen erhält er nach einem Jahr?

Gegebene Werte: _____

Rechnung: _____

Antwort: _____

2 Für ein Darlehen von 3 500 € muss Frau Schulz 12% vom Kapital zahlen. Wie viel Euro sind das?

Gegebene Werte: _____

Rechnung: _____

Antwort: _____

3 Ein Sparguthaben von 3 400 € wird mit 3% verzinst. Berechne die Jahreszinsen.

Gegebene Werte: _____

Rechnung: _____

Antwort: _____

4 Zum Autokauf fehlen 11 000 €. Es wird ein Kredit zu 6,2% gewährt. Berechne die Jahreszinsen.

Gegebene Werte: _____

Rechnung: _____

Antwort: _____

5 Berechne die Jahreszinsen und trage das Ergebnis ein.

Kapital K	2 250 €	343 €	19 250	21 540 €
Zinssatz p%	11%	4%	16%	12%
Jahreszinsen Z				

6 Welches Kreditangebot ist günstiger? Kreuze an.

Sofortkredit:

Barkredit:

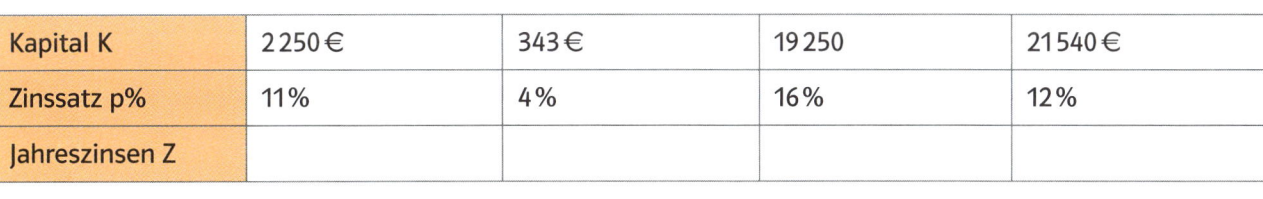

○ **Sofortkredit!**
2 000 €
Zinssatz: 9%; Bearbeitung 25,00 €
Rückzahlung nach einem Jahr

○ **2 000 € Barkredit!**
Zinssatz: 9,5%;
keine Bearbeitungsgebühr!
Rückzahlung nach einem Jahr

Senkrechte und parallele Linien

Die Linien a und b sind immer gleich weit voneinander entfernt. Dann verlaufen sie **parallel**.

Die Linien g und h verlaufen **senkrecht**. Der Winkel zwischen den Geraden ist ein rechter Winkel ∟

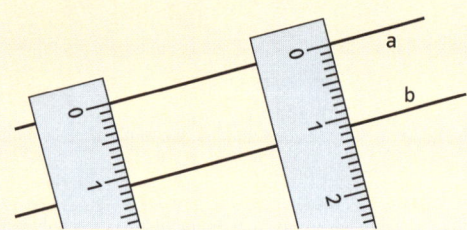

1 Welche Geraden sind senkrecht zu h?

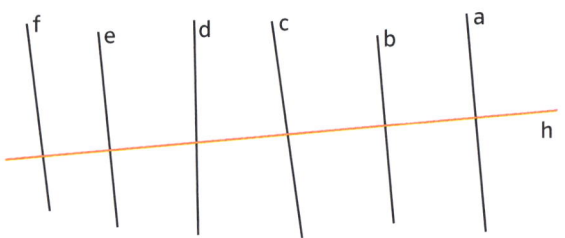

Senkrecht zu h sind die Geraden:

Parallele Linien (Parallelen) mit dem Geodreieck zeichnen:

2 Welche Geraden sind parallel zu g?

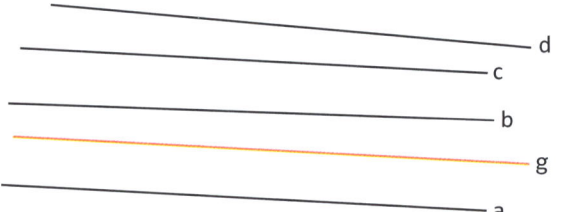

Parallel zu g sind die Geraden:

Senkrechte Linien (Senkrechten) mit dem Geodreieck zeichnen:

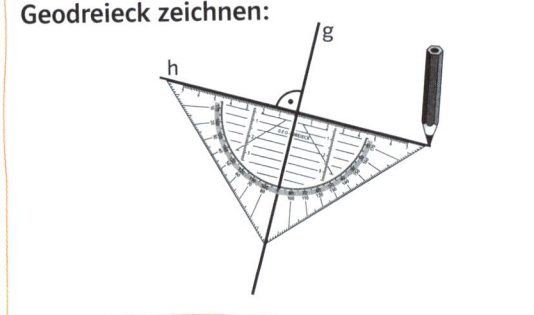

3 Zeichne vier senkrechte Linien zu g durch die Punkte P, Q, A und R.

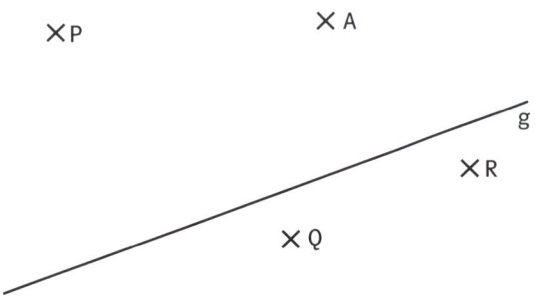

4 Zeichne die Parallelen zu h, die durch die Punkte Q, P, R und S verlaufen.

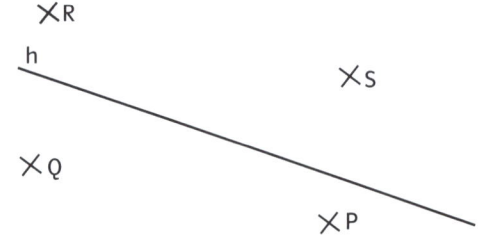

Längen und Abstände messen

1 Miss die Längen der Strecken mit einem Geodreieck. Gib die Längen in cm an.

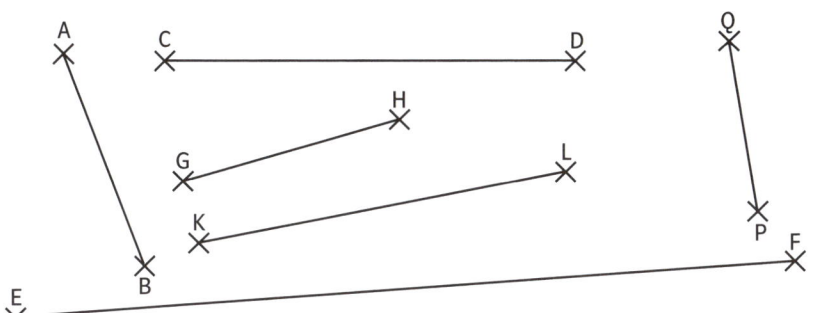

Beim Messen von Längen muss das Lineal oder das Geodreieck immer an der einen Seite mit der 0 angelegt werden.

Länge der roten Stecke: 4 cm

Strecke:	$\overline{AB}$	$\overline{CD}$	$\overline{EF}$	$\overline{GH}$	$\overline{KL}$	$\overline{QP}$
Länge:						

2 Bestimme die kürzesten Abstände der Punkte A, B, C, D, und E zur Gerade g.

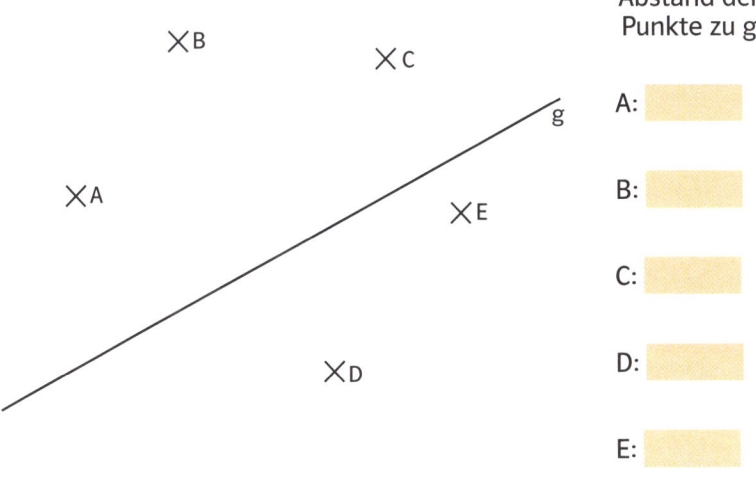

Abstand der Punkte zu g

A:

B:

C:

D:

E:

Um den kürzesten Abstand zwischen einem Punkt und einer Gerade zu messen, muss man eine Senkrechte zu der Geraden durch den Punkt zeichnen.

3 Bestimme die kürzesten Abstände der Geraden a und c zur Gerade g.

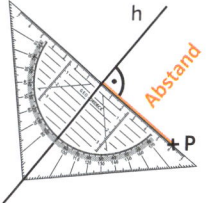

Abstand der Gerade zu

a:

c:

Um den kürzesten Abstand zwischen zwei Parallelen zu messen, misst man die Länge der Senkrechten.

Winkel bestehen aus einem Scheitelpunkt (S) und zwei Schenkeln.

Scheitel-
punkt S — α
Schenkel
Schenkel

Sie werden mit griechischen Buchstaben bezeichnet: α (alpha), β (beta), γ (gamma)…

Winkel messen:
1. **Schritt:** Geodreieck mit dem Scheitelpunkt bei der Null am Geodreieck anlegen.
2. **Schritt:** Ablesen.

ablesen:
$\alpha = 42°$

S

1 Miss die Größen der Winkel und trage diese in die erste Spalte der Tabelle ein.

Winkel	Größe	Winkelart
α_1	90°	
α_2		
α_3		
α_4		
β_1		
β_2		
β_3		
β_4		

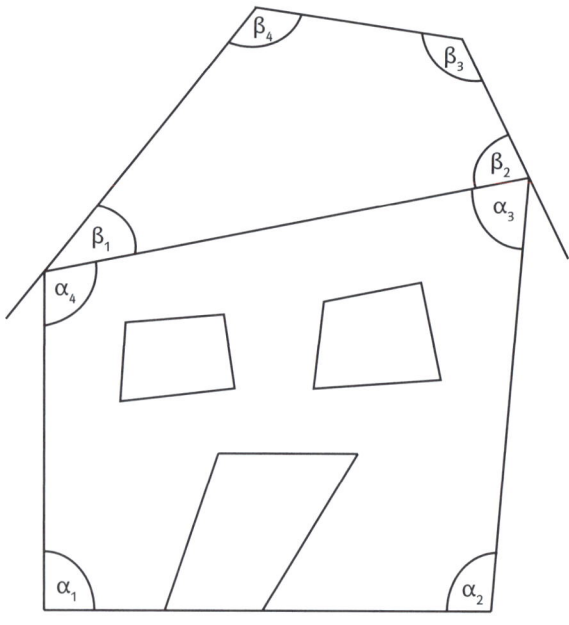

Winkel werden je nach ihrer Größe unterschiedlich bezeichnet.

spitzer Winkel	rechter Winkel	stumpfer Winkel	gestreckter Winkel	überstumpfer Winkel
zwischen 0° und 90°	90°	zwischen 90° und 180°	180°	zwischen 180° und 360°

2 Schreibe die Bezeichnung der Winkel aus Aufgabe 1 in die letzte Spalte der Tabelle.

Winkel zeichnen

Winkel zeichnen:

1. Schritt:	**2. Schritt:**	**3. Schritt:**	**4. Schritt:**	**5. Schritt:**
Ersten Schenkel zeichnen.	Geodreieck mit der Null am Scheitelpunkt S anlegen.	Winkel anzeichnen.	Zweiten Schenkel zeichnen.	Winkel benennen.

Beispiel: α = 60°

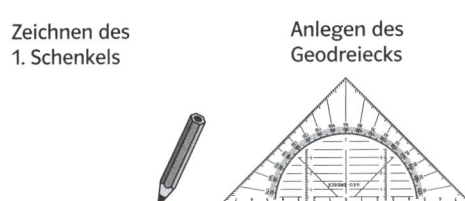  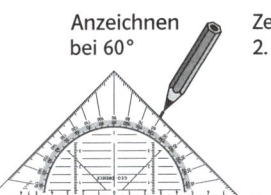  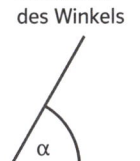

Zeichnen des 1. Schenkels • Anlegen des Geodreiecks • Anzeichnen bei 60° • Zeichnen des 2. Schenkels • Benennen des Winkels

1 Zeichne die Winkel in der angegebenen Größe.

a) α = 40°   b) β = 135°   c) γ = 70°

2 a) Miss die Winkel in der Abbildung.   b) Zeichne die Abbildung noch einmal.

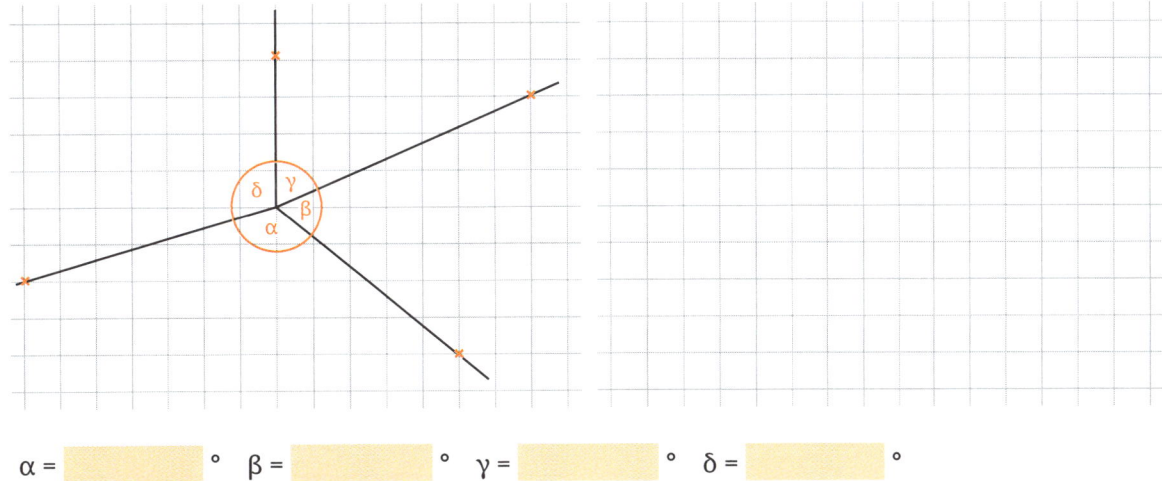

α = [   ] °   β = [   ] °   γ = [   ] °   δ = [   ] °

3 Zeichne die Winkel.

a) α = 45°   b) β = 15°   c) γ = 210°

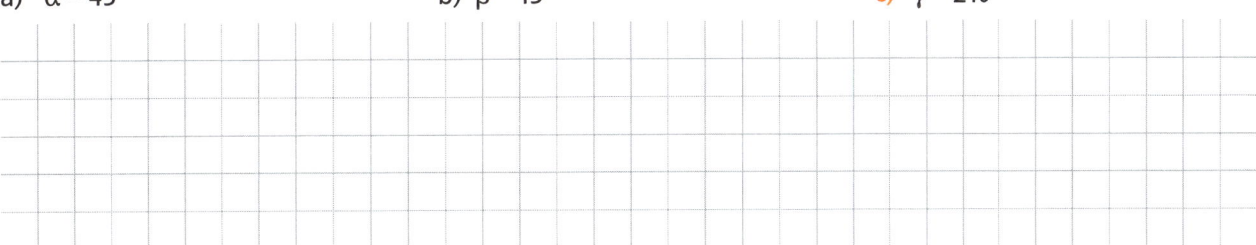

Rechteck und Quadrat

Bei einem **Rechteck**
- sind alle gegenüberliegenden Seiten parallel.
- sind alle Winkel rechte Winkel.

Bei einem **Quadrat** sind zusätzlich alle Seiten gleich lang.

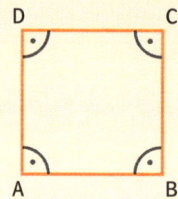

Rechtecke zeichnen:
Länge = 6 cm, Breite = 4 cm
1. Erste Seite zeichnen.

2. Zweite Seite senkrecht zur ersten zeichnen.

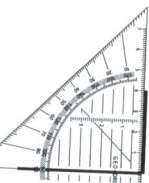

3. Dritte Seite senkrecht zur zweiten zeichnen.

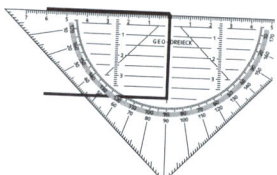

4. Die Enden verbinden.

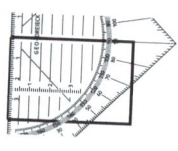

1 Welche Figuren sind Rechtecke, welche sind Quadrate?

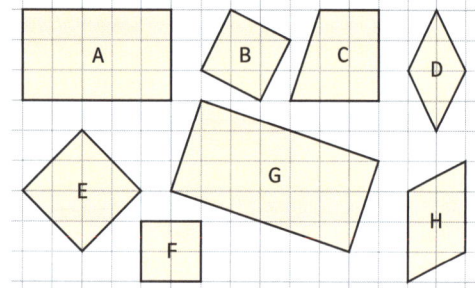

Rechtecke: Quadrate:

2 Ergänze die Stecken jeweils zu einem Rechteck oder einem Quadrat.

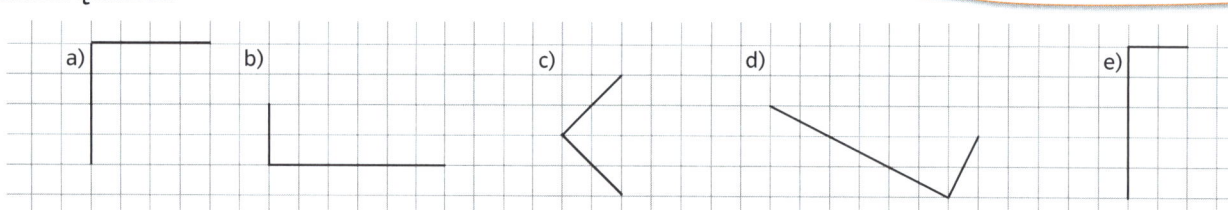

a)   b)   c)   d)   e)

3 Zeichne

a) ein Rechteck:
   Länge: 4 cm, Breite 2 cm

b) ein Quadrat:
   Seitenlängen: 3 cm

c) ein Rechteck:
   Länge 2,5 cm, Breite: 1,5 cm

Bei einem **Parallelogramm** sind alle gegenüberliegenden Seiten parallel.

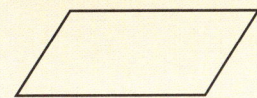

Bei einer **Raute** sind zusätzlich alle Seiten gleich lang.

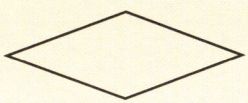

Ein Viereck mit nur zwei parallelen Seiten nennt man **Trapez**.

Ein **Drachen** ist ein Viereck, bei dem jeweils die Nachbarseiten gleich lang sind.

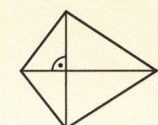

1 Um welche Art Viereck handelt es sich?

A: _____

B: _____

C: _____

D: _____

E: _____

F: _____

G: _____

2 Verbinde die Punkte A, B, C und D zu Vierecken.

a) Markiere parallele Seiten in der gleichen Farbe

b) Kennzeichne alle rechten Winkel mit ⌐.

c) Schreibe in alle Rauten ein RA, in alle Parallelogramme ein P, in alle Quadrate ein Q, in die Rechtecke ein RE und in alle Trapeze ein TR. (Tipp: in einigen Figuren werden mehrere Abkürzungen stehen!)

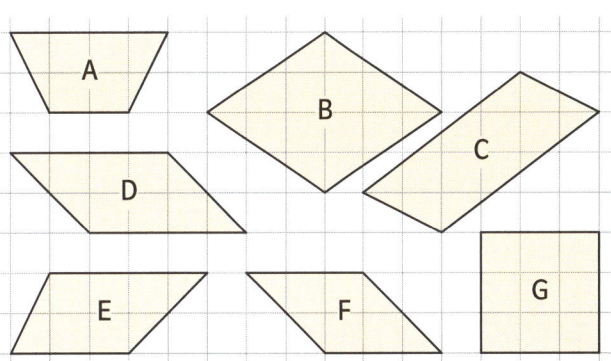

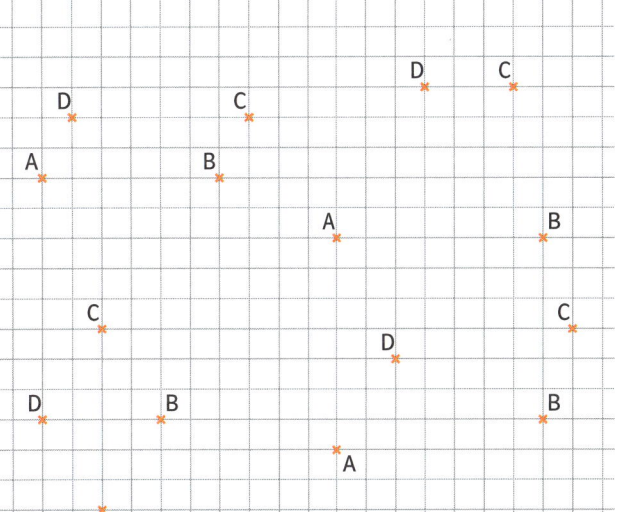

3 Jeweils ein Eckpunkt des Parallelogramms ist verloren gegangen. Kannst du ihn finden und das Parallelogramm zeichnen?

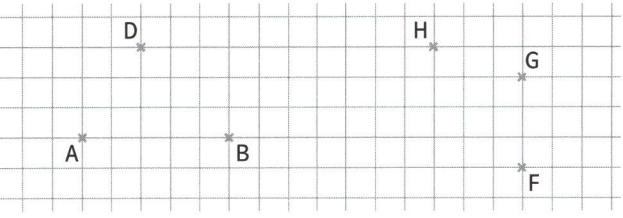

63

Umfang und Flächeninhalt von Rechtecken

Der **Umfang (u)** einer Figur ist die Länge der Randlinie.

Der Umfang (u) des Rechtecks:
Summe aller Seitenlängen

$u = a + b + a + b$

$u = 2 \cdot a + 2 \cdot b$

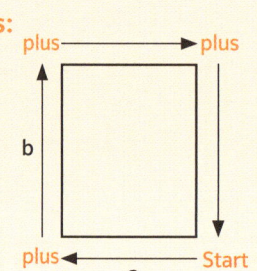

Flächeninhalt (A) des Rechtecks:
Länge mal Breite

$A = a \cdot b$

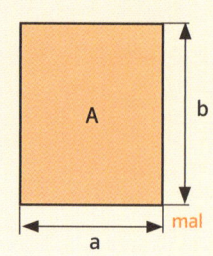

1 Zeichne die folgenden Rechtecke und berechne Umfang und Flächeninhalt.

	Länge	Breite	Umfang	Inhalt
a)	4 cm	3 cm		
b)	2,5 cm	2 cm		
c)	1,5 cm	3,5 cm		
d)	3 cm	2,5 cm		

Beispiel

Gegebene Werte bestimmen:
a = 2 cm, b = 3 cm

Umfang berechnen:
Formel notieren: $u = 2 \cdot a + 2 \cdot b$
Werte einsetzen: $u = 2 \cdot 2\,cm + 2 \cdot 3\,cm = \underline{\underline{10\,cm}}$

Flächeninhalt berechnen:
Formel notieren: $A = a \cdot b$
Werte einsetzen: $A = 2\,cm \cdot 3\,cm = \underline{\underline{6\,cm^2}}$

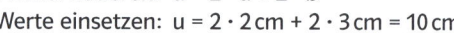

2 Die Figur ist aus mehreren Rechtecken zusammengesetzt.

a) Der Umfang beträgt _____ cm.

b) Unterteile die Figur so in Rechtecke, dass du den Flächeninhalt berechnen kannst.

Der Flächeninhalt beträgt _____ cm^2.

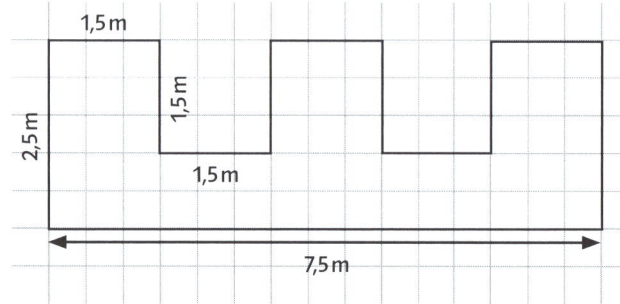

3 Ein Fußballfeld ist 105 m lang und 68 m breit.

a) Wie lang ist die Seitenlinie, die um das ganze Spielfeld herumgeht?

Rechnung:

_____

Die Seitenlinie ist _____ lang.

b) Wie viel m^2 Rollrasen werden für das Spielfeld benötigt?

Rechnung:

_____

Man benötigt _____ Rasen.

Umfang und Flächeninhalt von Quadraten

Beim Quadrat sind alle Seitenlinien gleich lang.

Umfang (u) des Quadrats:
Summe aller Seitenlängen

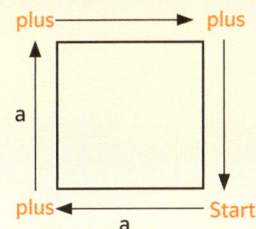

$u = a + a + a + a$
oder
$u = 4 \cdot a$

Flächeninhalt (A) des Quadrats:
Länge mal Breite

$A = a \cdot a$
oder
$A = a^2$ (sprich: a Quadrat)

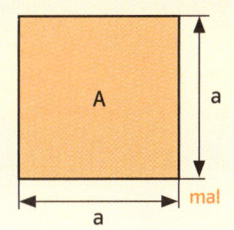

1 Berechne Umfang und Flächeninhalt der folgenden Quadrate und zeichne diese.

	a	Umfang	Inhalt
a)	4 cm		
b)	2,5 cm		
c)	1,5 cm		
d)	3 cm		

Beispiel

Gegebene Werte bestimmen:
$a = 2\,cm$

Umfang berechnen:
Formel notieren: $u = 4 \cdot a$
Werte einsetzen: $u = 4 \cdot 2\,cm = \underline{8\,cm}$

Flächeninhalt berechnen:
Formel notieren: $A = a \cdot a$ oder $A = a^2$
Einsetzen: $A = 2\,cm \cdot 2\,cm = \underline{4\,cm^2}$ $A = (2cm)^2 = \underline{4\,cm^2}$

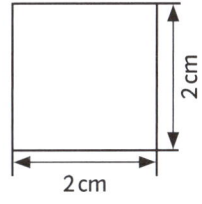

Taschenrechner

2^2 ist eine so genannte Quadratzahl. Man kann sie einfach mit dem Taschenrechner ausrechnen:

- zuerst tippt man die Zahl ein (hier die 2)
- dann die Taste $\boxed{x^2}$.

Papier

Die Größen von Papier werden in Deutschland in so genannten DIN-Formaten angegeben. DIN A0 ist ein Rechteck mit einem Flächeninhalt von ca. $1\,m^2$.

Das nächst kleinere Format DIN A1 erhält man, indem man das Blatt in der Mitte der längeren Seite teilt.

DIN ist eine Abkürzung für **D**eutsche **I**ndustrie-**N**orm.

DIN A0

118,9 cm · 84,1 cm

DIN A1

59,4 cm · 84,1 cm

DIN A1

59,4 cm · 84,1 cm

① Welche Seitenlängen hat ein Blatt des Formates DIN A2 (DIN A3, …)?

② Wie viele DIN-A4-Blätter sind so groß wie ein DIN-A0-Blatt?

③ Papier wird mit verschiedenen Gewichtsangaben gehandelt. Normales Schreibpapier wiegt 80 g pro m^2. Wie schwer ist ein übliches DIN-A4-Blatt?

Umfang und Flächeninhalt von Parallelogrammen

Umfang (u) des Parallelogramms:
Summe aller Seitenlängen

$u = a + b + a + b$
$u = 2 \cdot a + 2 \cdot b$

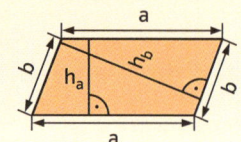

Flächeninhalt (A) des Parallelogramms:
Grundseite mal zugehörige Höhe

$A = a \cdot h_a$ oder
$A = b \cdot h_b$

Die Höhe

– ist der Abstand gegenüberliegender Seiten.
– ist senkrecht zur Grundseite.

h_a bedeutet: Höhe auf a.
h_b bedeutet: Höhe auf b.

---

1 Berechne den Umfang und den Flächeninhalt der Parallelogramme.

a)

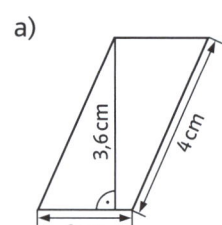

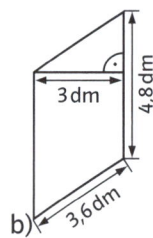

b)

Gegebene Werte:

a = __2,0 cm__ b = _____

h_a = _____

a = _____ b = _____

h_b = _____

Umfang berechnen:

u = _____

= _____

u = _____

= _____

Flächeninhalt berechnen:

A = _____

= _____

A = _____

= _____

Beispiel

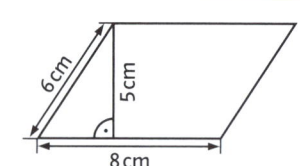

Gegebene Werte:
a = 8 cm, b = 6 cm, h_a = 5 cm

Umfang berechnen:
Formel: $u = 2 \cdot a + 2 \cdot b$
Einsetzen: $u = 2 \cdot 8\,cm + 2 \cdot 5\,cm = \underline{\underline{26\,cm}}$

Flächeninhalt berechnen:
Formel: $A = a \cdot h_a$
Einsetzen: $A = 8\,cm \cdot 5\,cm = \underline{\underline{40\,m^2}}$

Jedes Parallelogramm lässt sich leicht in ein Rechteck mit dem gleichen Flächeninhalt verwandeln.

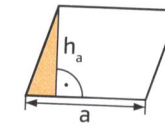 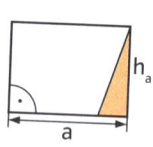

2 Berechne Umfang und Flächeninhalt der Parallelogramme.

	a)	b)	c)	d)
Werte:	a = 12 cm b = 4 cm h = 7 cm	a = 15 cm b = 13 cm h = 20 cm	a = 2,5 m b = 3,4 m h = 3,2 m	a = 12,5 dm b = 8,4 dm h = 20,2 dm
Umfang:				
Flächen-inhalt:				

Umfang und Flächeninhalt von Dreiecken

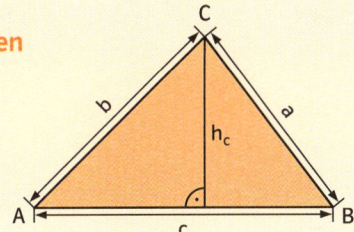

Umfang des Dreiecks:
Summe aller Seitenlängen

$U = a + b + c$

Flächeninhalt des Dreiecks:
Grundseite mal zugehörige Höhe geteilt durch 2

$A = c \cdot h_c : 2$ oder $A = \dfrac{c \cdot h_c}{2}$

Der Bruchstrich steht für „geteilt durch".

1 Berechne den Umfang und den Flächeninhalt der Dreiecke.

a)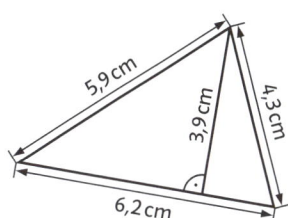

b)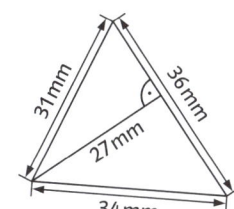

Setzt man zwei Dreiecke zusammen, erhält man ein Parallelogramm:

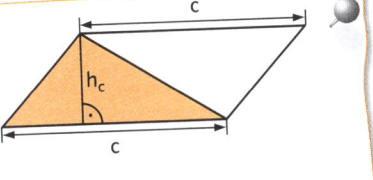

Gegebene Werte:

c = <u>6,2 cm</u>

h_c = _____

a = _____

b = _____

a = _____

h_a = _____

b = _____

c = _____

Umfang berechnen:

u = _____

= _____

u = _____

= _____

Flächeninhalt berechnen:

A = _____

= _____

A = _____

= _____

Beispiel

Beispiel:

Gegebene Werte:

$c = 6\,\text{cm}$, $a = 3{,}6\,\text{cm}$, $b = 7\,\text{cm}$, $h_b = 3{,}1\,\text{cm}$

Umfang berechnen:
Formel: $u = a + b + c$
Einsetzen: $u = 7\,\text{cm} + 6\,\text{cm} + 3{,}6\,\text{cm}$
= <u>16,6 cm</u>

Flächeninhalt berechnen:
Formel: $A = \dfrac{b \cdot h_b}{2}$
Einsetzen: $A = \dfrac{7\,\text{cm} \cdot 3{,}1\,\text{cm}}{2}$
= <u>10,85 cm^2</u>

2 Berechne die Flächeninhalte der Dreiecke. Miss die fehlenden Längen mit dem Lineal und beschrifte sie.

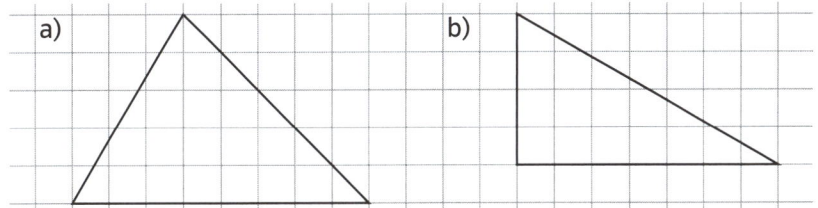

a) A = _____

= _____

b) A = _____

= _____

Flächeninhalt von Vielecken

Den Flächeninhalt von Vielecken kann man berechnen, indem man sie in geeignete Teilflächen (Dreiecke, Rechtecke, Trapeze) zerlegt. Die Inhalte der Teilflächen werden dann zusammengezählt.

A_1: Dreieck

A_2: Rechteck

A_3: Parallelogramm

Vieleck aufteilen in Teilflächen

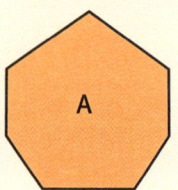 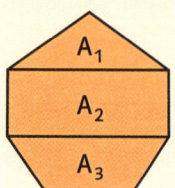

1 Berechne den Flächeninhalt der Vielecke. Teile das Vieleck in Teilflächen auf und miss die Längen der benötigten Strecken.

a)   b)

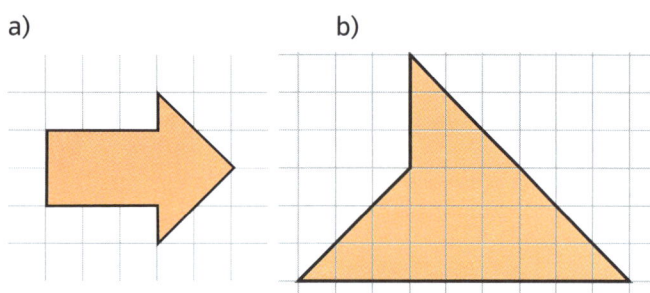

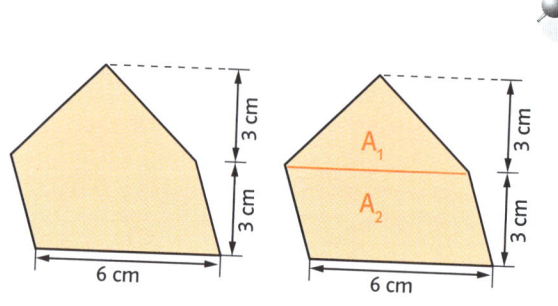

Vieleck aufteilen in Teilflächen:

A_1: Dreieck A_2: Parallelogramm

Flächeninhalt des Dreiecks A_1:

1. Gegebene Werte: $a = 6\,\text{cm}, h_a = 3\,\text{cm}$

2. Formel: $A = \dfrac{a \cdot h_a}{2}$

3. Einsetzen: $A = \dfrac{6\,\text{cm} \cdot 3\,\text{cm}}{2} = \underline{9\,\text{cm}^2}$

Flächeninhalt des Parallelogramms A_2:

1. Gegebene Werte: $a = 6\,\text{cm}, h_a = 3\,\text{cm}$

2. Formel: $A = a \cdot h_a$

3. Einsetzen: $A = 6\,\text{cm} \cdot 3\,\text{cm} = \underline{18\,\text{cm}^2}$

Flächeninhalte der Teilfiguren addieren:

$A = A_1 + A_2$

$A = 9\,\text{cm}^2 + 18\,\text{cm}^2 = \underline{27\,\text{cm}^2}$

Teilfläche 1:   **Teilfläche 1:**

Art: <u>Rechteck</u>   Art: _____

Gegebene Werte: Gegebene Werte:

_____   _____

_____   _____

Formel: Formel:

$A =$ $A =$

Einsetzen: Einsetzen:

$A =$ $A =$

$\quad =$ $\quad =$

Teilfläche 2:   **Teilfläche 2:**

Art: _____   Art: _____

Gegebene Werte: Gegebene Werte:

_____   _____

_____   _____

Formel: Formel:

$A =$ $A =$

Einsetzen: Einsetzen:

$A =$ $A =$

$\quad =$ $\quad =$

Summe der Teilflächen bei Figur a):

_____

Summe der Teilflächen bei Figur b):

_____

Kreisumfang

Der **Kreisumfang** lässt sich mit Hilfe der Kreiszahl π (Pi) berechnen.

$u = π \cdot d$

π hat den Wert 3,14159265…
Es reicht aber aus, mit dem gekürzten Wert 3,14 zu rechnen.

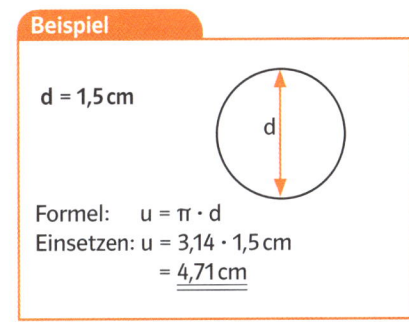

M Mittelpunkt
d Durchmesser
r Radius

1 Berechne den Umfang der Kreise mit dem angegebenen Durchmesser.

	a)	b)	c)	d)
Durchmesser	8,0 cm	4,5 cm	14,5 cm	0,75 cm
Umfang	25,12 cm			

Beispiel

d = 1,5 cm

Formel: $u = π \cdot d$
Einsetzen: u = 3,14 · 1,5 cm
                  = 4,71 cm

2 Bei einem Hochrad hat das Vorderrad einen Durchmesser von 1,40 m und das Hinterrad einen Durchmesser von 43 cm.

a) Bestimme die Umfänge in m.

Vorderrad: _____   Hinterrad: _____

b) Wie oft drehen sich die Räder auf einer Strecke von 1 Kilometer? Runde auf ganze Umdrehungen.

Vorderrad: _____   Hinterrad: _____

3 Berechne zu den abgebildeten Kreisen zunächst den Umfang. Runde auf ganze Millimeter. Zeichne dann eine Strecke, die so lang ist wie der berechnete Umfang des Kreises.

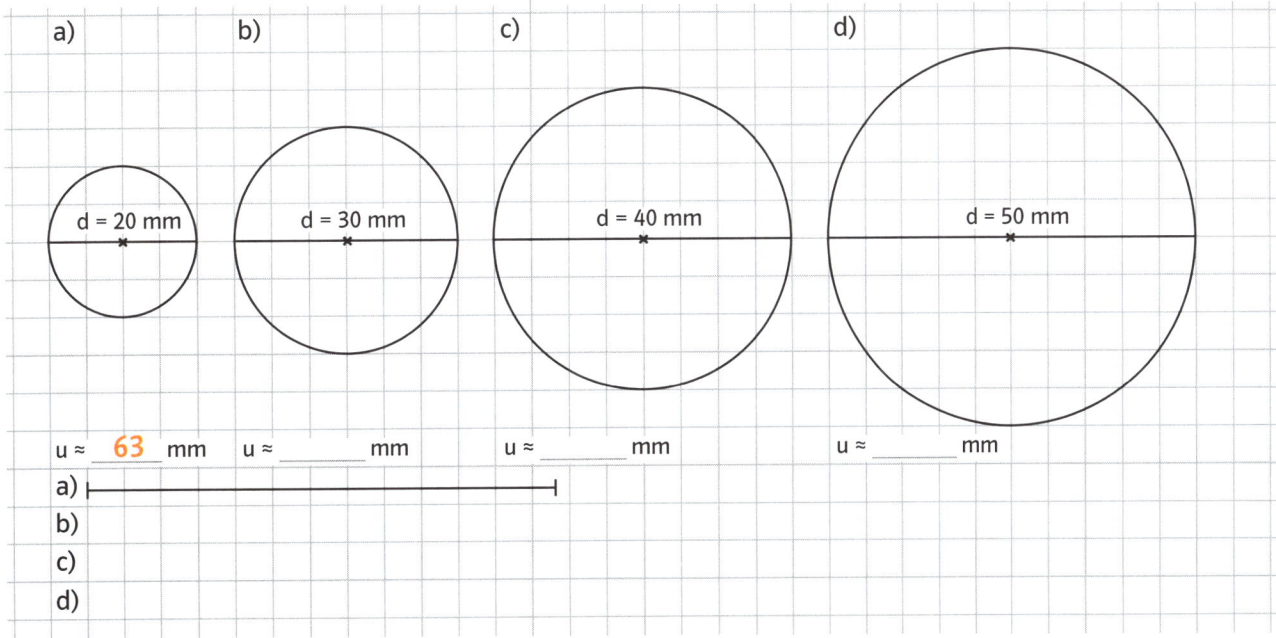

a)   b)   c)   d)

d = 20 mm   d = 30 mm   d = 40 mm   d = 50 mm

u ≈ 63 mm   u ≈ _____ mm   u ≈ _____ mm   u ≈ _____ mm

a)
b)
c)
d)

Flächeninhalt des Kreises:
$A = \pi \cdot r \cdot r$ oder
$A = \pi \cdot r^2$

Der Durchmesser d ist doppelt so groß wie der Radius.
$d = 2 \cdot r$
$r = \dfrac{d}{2}$

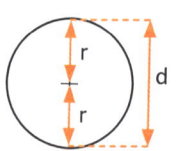

Beispiel

$d = 3\,cm$

Radius ausrechnen:

$r = \dfrac{d}{2} = \dfrac{3}{2}\,cm = 1,5\,cm$

Formel: $A = \pi \cdot r \cdot r$	$A = \pi \cdot r^2$
Einsetzen:	
$A = \pi \cdot 1,5\,cm \cdot 1,5\,cm$	$A = \pi \cdot (1,5\,cm)^2$
$A = 3,14 \cdot 1,5\,cm \cdot 1,5\,cm$	$A = 3,14 \cdot 2,25\,cm^2$
$= \underline{7,065\,cm^2}$	$= \underline{7,065\,cm^2}$

1 Berechne den Flächeninhalt der Kreise mit dem angegebenen Radius.

	a)	b)	c)	d)	e)
Radius	5,0 cm	3,4 cm	6,0 cm	3,2 cm	3,25 cm
Umfang	75,5 cm^2				

2 Berechne den Flächeninhalt der Kreise mit dem angegebenen Durchmesser.

	a)	b)
Durchmesser	8,0 cm	9,8 cm
Radius		
Umfang		

3 Wie groß ist die Fläche eines 10-ct-Stücks? Schätze zunächst.

_____ cm^2

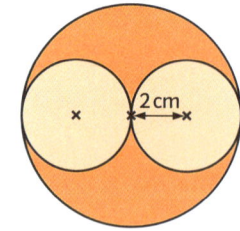

Miss den Durchmesser: _____

Berechne den Flächeninhalt. _____

4 Wie groß ist die dunkelorange Fläche? Berechne zunächst den Flächeninhalt des großen Kreises und dann den der kleinen Kreise.

Flächeninhalt des großen Kreises:

_____

Flächeninhalt eines kleinen Kreises:

_____

Größe der dunkelorange Fläche:

_____

Test: Flächenberechnung

1 Berechne den Umfang und den Flächeninhalt der Rechtecke.

u =

A =

2 cm

4 cm

a = 2,5 cm   b = 4,8 cm

u =

A =

○

a = 4 dm   b = 23 cm

u =

A =

○

○

---

2 Berechne den Umfang und den Flächeninhalt der Figuren.

40 cm

32 cm

30 cm

32 cm

40 cm

u =   A =

○

7 cm

4 cm

6 cm

u =   A =

○

u =   A =

○

---

3 Berechne den Flächeninhalt der Dreiecke.

30 mm

60 mm

A =

○

6 cm

5,2 cm

6 cm

6 cm

A =

○

A =

○

---

4 Berechne den Umfang und den Flächeninhalt der Kreise mit den angegebenen Maßen.

d = 5 cm

u =

A =

○

d = 6,8 cm

u =

A =

○

r = 8,4 cm

u =

A =

○

Bronze: ┃┃┃┃   Silber: ┃┃┃┃   Gold: ┃┃┃┃┃┃   (Richtig gelöste Aufgaben ankreuzen. Die Lösungen findest du auf Seite 78.)

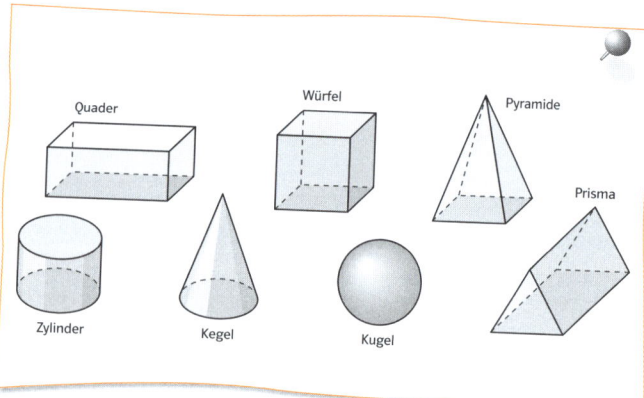

Quader · Würfel · Pyramide · Prisma · Zylinder · Kegel · Kugel

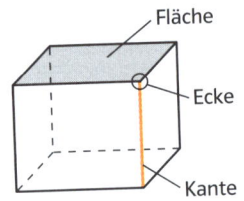

Fläche · Ecke · Kante

Über eine Fläche streicht man mit der Handfläche.

An einer Kante fährt man mit dem Finger entlang.

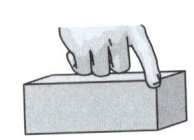

Eine Ecke berührt man nur mit der Fingerspitze.

1 Welche Körper erkennst du in den Abbildungen?

1

2

3

4

5

Bild 1: _____

Bild 2: _____

Bild 3: _____

Bild 4: _____

Bild 5: _____

2 Fülle die Tabelle aus.

	Pyramide	Quader	Kugel	Zylinder	Würfel	Kegel
Anzahl der Flächen			1			
Anzahl der Kanten				2		
Anzahl der Ecken					8	

Schrägbilder zeichnen

1 Ein Würfel ist ein Quader, bei dem alle Seiten gleich lang sind. Vervollständige zu einem Schrägbild.

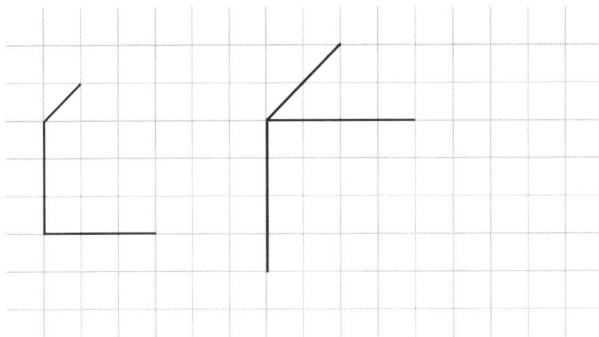

2 Vervollständige die Schrägbilder.

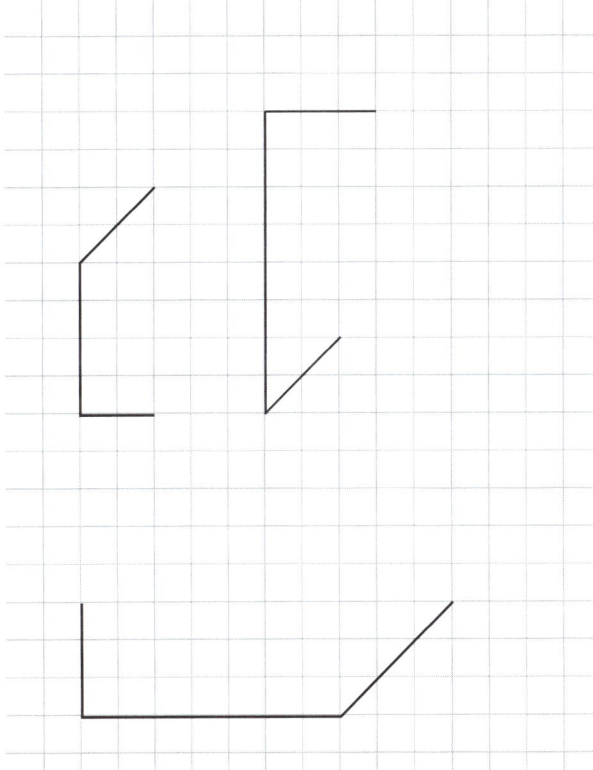

4 Zeichne eine Pyramide mit der Höhe h = 2 cm.

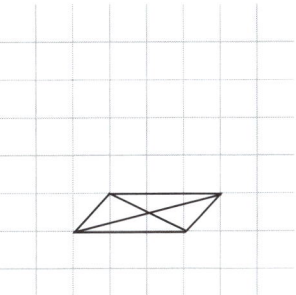

Schrägbild eines Quaders zeichnen:

Länge 4 cm, Breite 2 cm, Höhe 1,5 cm

1. Vorderfläche zeichnen.

2. Nach hinten laufende Kanten schräg und verkürzt zeichnen. Für 1 cm Seitenlänge zeichnet man eine Kästchendiagonale.

3. Die Endpunkte verbinden. Die nicht sichtbaren Kanten werden gestrichelt.

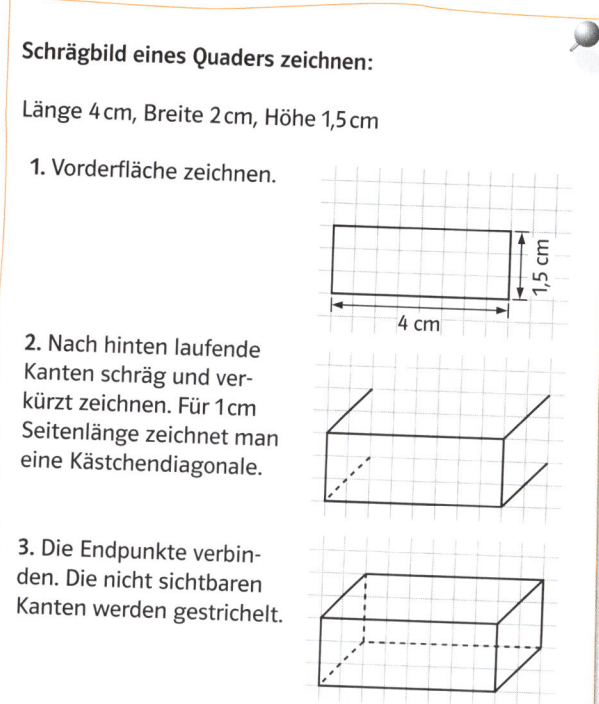

3 Zeichne das Schrägbild nach und trage alle verdeckten Kanten ein.

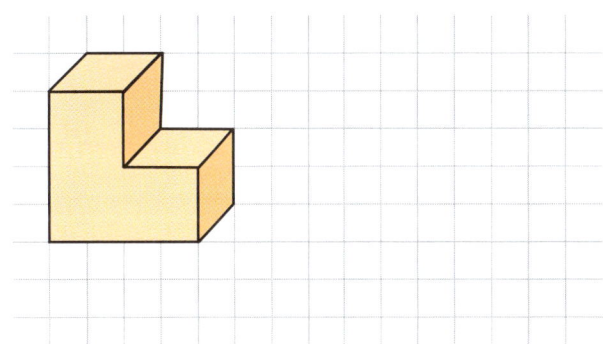

Schrägbild einer Pyramide zeichnen:

1. Grundfläche zeichnen.

2. Höhe auf die Mitte der Grundfläche zeichnen.

3. Höchsten Punkt mit der Grundfläche verbinden.

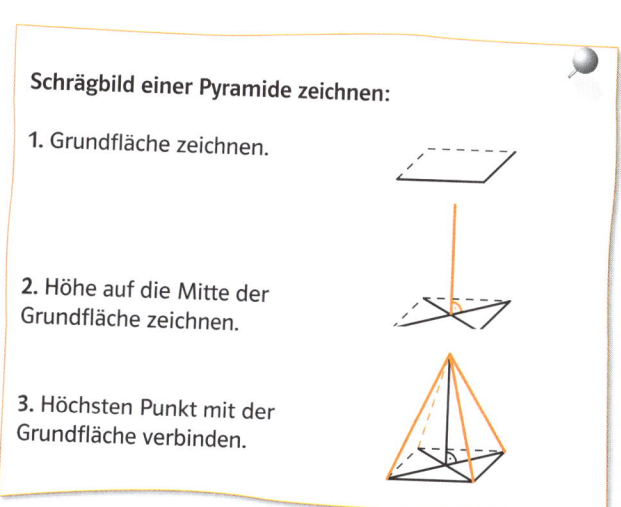

Rauminhalt (Volumen) von Quadern berechnen

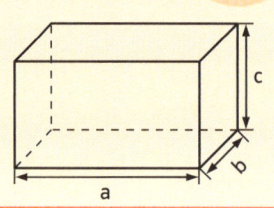

Der Rauminhalt (das Volumen) des Quaders:
Länge mal Breite mal Höhe

$$V = \underset{\text{Länge}}{a} \cdot \underset{\text{Breite}}{b} \cdot \underset{\text{Höhe}}{c}$$

Beispiel

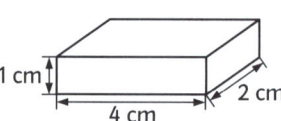

Gegebene Werte: a = 4 cm   b = 2 cm,
                 c = 1 cm
Formel: $V = a \cdot b \cdot c$
Einsetzen: $V = 4\,cm \cdot 2\,cm \cdot 1\,cm = \underline{\underline{8\,cm^3}}$

1 Berechne das Volumen der Quader.

a)

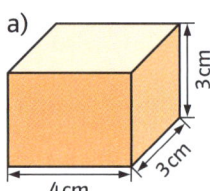

3 cm
3 cm
4 cm

V = _____

= _____

b)

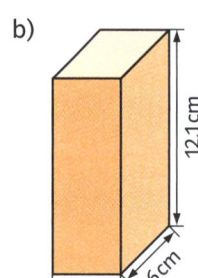

12,1 cm
4,5 cm
6 cm

V = _____

= _____

c)

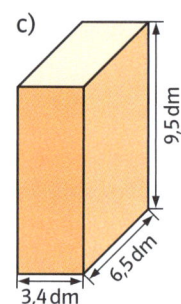

9,5 dm
3,4 dm
6,5 dm

V = _____

= _____

2 Berechne das Volumen der zusammengesetzten Quader.

a)

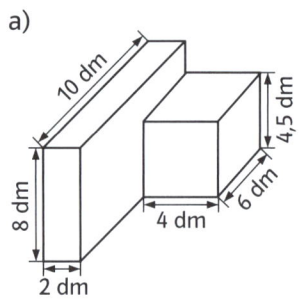

10 dm
4,5 dm
8 dm
6 dm
4 dm
2 dm

Quader 1: _____

Quader 2: _____

Gesamt: _____

b)

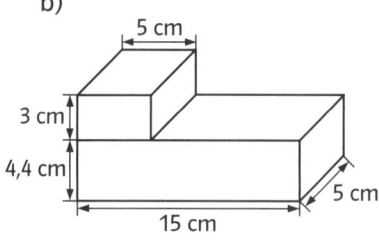

5 cm
3 cm
4,4 cm
15 cm
5 cm

Quader 1: _____

Quader 2: _____

Gesamt: _____

Rauminhalt (Volumen) von Würfeln berechnen

Der Rauminhalt (das Volumen) des Würfels:
Länge mal Breite mal Höhe

Da beim Würfel alle Seiten gleich lang sind, gilt:

$$V = \underbrace{a}_{\text{Länge}} \cdot \underbrace{a}_{\text{Breite}} \cdot \underbrace{a}_{\text{Höhe}} = a^3$$

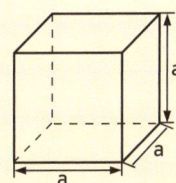

Beispiel

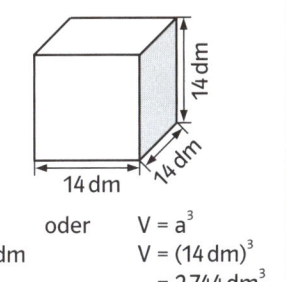

Gegebene Werte: a = 14 dm

Formel:	$V = a \cdot a \cdot a$	oder $\quad V = a^3$
Einsetzen:	$V = 14\,dm \cdot 14\,dm \cdot 14\,dm$	$V = (14\,dm)^3$
	$= \underline{\underline{2744\,dm^3}}$	$= \underline{\underline{2744\,dm^3}}$

Taschenrechner

14^3 mit dem Taschenrechner berechnen:
− 14 eintippen
− Taste $\boxed{x^y}$ oder $\boxed{\land}$
− 3 eintippen

1 Berechne das Volumen der Würfel.

	a)	b)	c)	d)	e)
Kantenlänge	2,5 cm	1,4 dm	8,7 mm	24 cm	0,4 m
Volumen					

Schachteln falten

Nimm ein DIN A4-Blatt und falte es nach den Anweisungen. Du erhältst eine Schachtel, wie sie das Foto zeigt. Miss die Kantenlängen und berechne die Rauminhalte.

Offener Quader

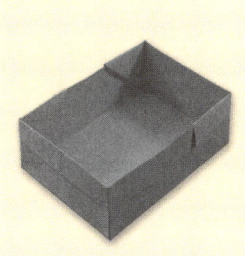

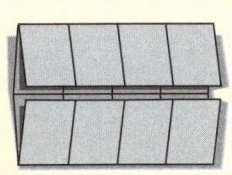

Den oberen und unteren Rand zur Mitte falten.

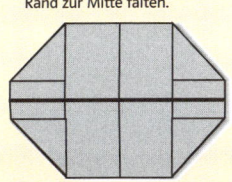

Die vier Ecken nach innen falten.

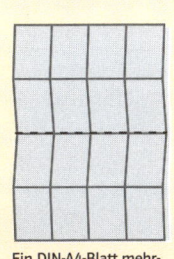

Ein DIN-A4-Blatt mehrmals falten und wieder öffnen.

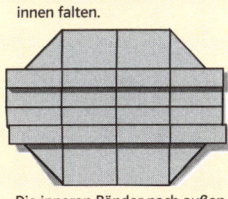

Die inneren Ränder nach außen falten; anschließend nach oben ziehen.

Offener Würfel

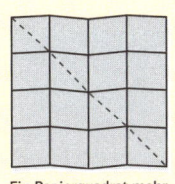
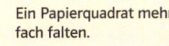

Ein Papierquadrat mehrfach falten.

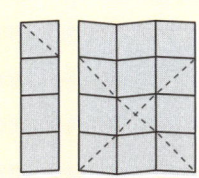

Einen Streifen abschneiden, die schrägen Linien falten

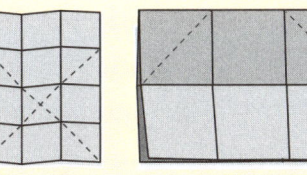

Die obere Hälfte auf die untere falten.

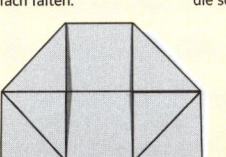

Die vier Ecken nach innen falten.

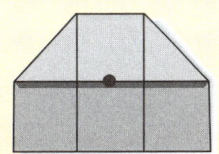

Den unteren Teil auf den oberen falten.

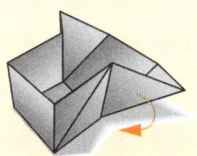

An der Markierung nach oben ziehen.

Wenn die dreieckigen Spitzen in den „Taschen" außen am Würfel stecken, ist der Würfel fertig.

Netze zeichnen

Faltet man einen Quader auseinander, so erhält man das **Netz** eines Quaders.

1 Die Abbildung rechts zeigt ein unvollständiges Quadernetz.

a) Welche Längen haben die Kanten?

Länge   Breite   Höhe

_____   _____   _____

b) Zeichne das vollständige Quadernetz.

c) Färbe gegenüber liegende Flächen in der gleichen Farbe.

2 Zeichne die Netze des Quaders und des Würfels.

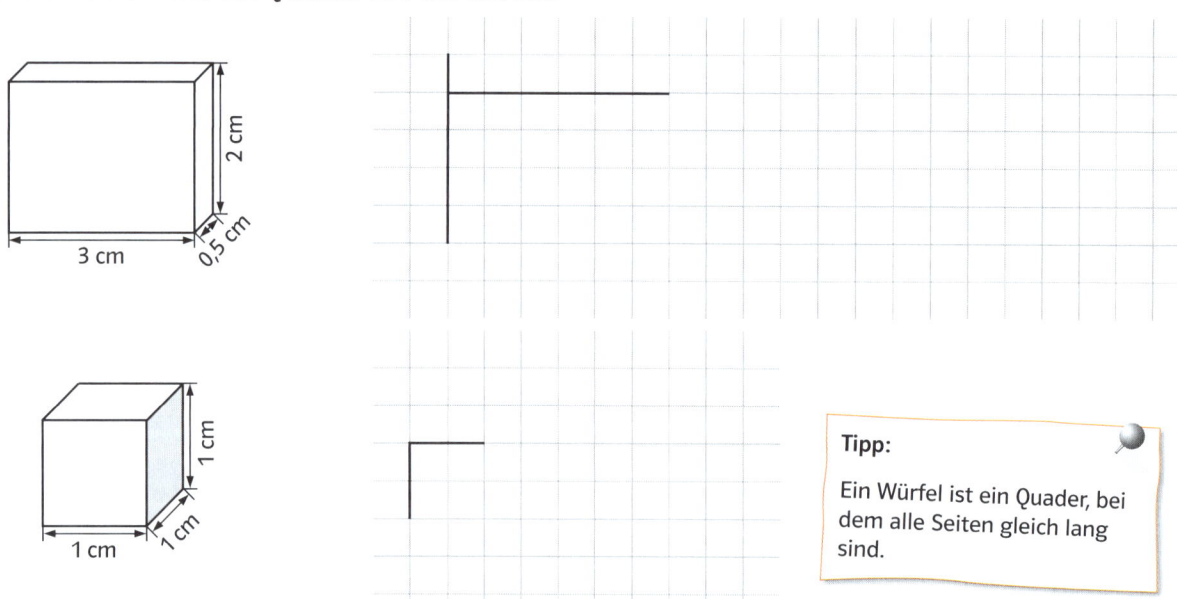

Tipp:

Ein Würfel ist ein Quader, bei dem alle Seiten gleich lang sind.

3 Welche der folgenden Figuren stellt ein Quadernetz dar? Kreuze die richtige Figur an.

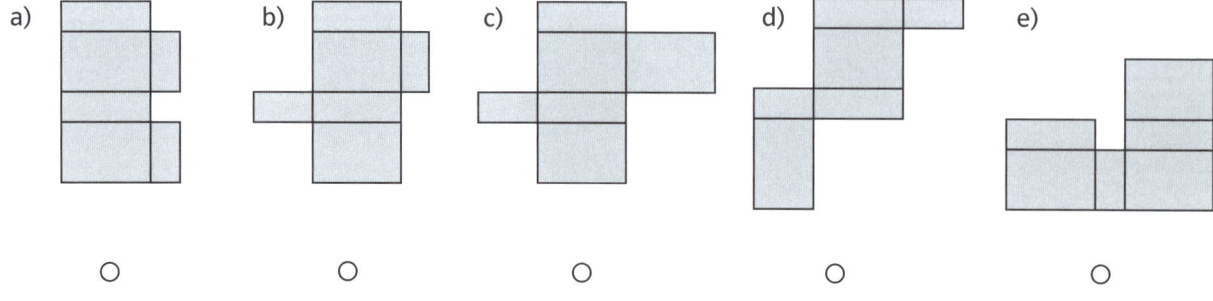

a)   b)   c)   d)   e)

○   ○   ○   ○   ○

Test: Grundrechenarten 1 (Seite 15)

1	150; 300	50; 225	-200; 125
2	8 877	101 103	7 305 000
	6 114	10 691	960 909
	99,14	345,902	1 300,005
3	Differenz: 13 °C	Differenz: 10 °C	Differenz: 18,2 °C
4	Sie muss insgesamt 872 € bezahlen.	Herr Reiche muss 16 450 € zuzahlen.	Frau Lange bekommt 1 362 € überwiesen.

Test: Grundrechenarten 2 (Seite 21)

1	190	52	72
2	28 875	503 792	55 575 558
	237	190	245
3	Die Gesamtstrecke ist 15 735 m lang.	Sie muss täglich 78 Seiten lesen.	Der Barpreis ist 20 € günstiger.

Test: Größen (Seite 26)

1	240 s	48 h	2 500 g
	600 cm	7 000 m	1,5 h
	4 000 g	1 250 dm^3	20 000 a
	25 m	40 dm	135 min
2	12,98 km	7,777 kg	3 min 5 s
	4,46 kg	1 min 15 s	1,126 m
3	Das Flugzeug landet um 11:03 Uhr.	Das Flugzeug war 4 h 45 min in der Luft.	Verbindung 1 ist die schnellere Verbindung.

Test: Brüche 1 (Seite 31)

1	14 Autos	88 Autos	100 Autos
	9 kg	56 l	32 h
2	40 min	42 min	44 min
3	$2\frac{3}{4}$	$3\frac{4}{7}$	$5\frac{4}{33}$
4	$\frac{14}{3}$	$\frac{53}{8}$	$\frac{257}{35}$
5	$\frac{12}{32}$	$\frac{20}{60}$	$\frac{105}{144}$
6	$\frac{3}{2}$	$\frac{2}{3}$	$\frac{2}{5}$

Test: Dreisatz (Seite 47)

1	15,50 €	9,80 €	4,41 €
	10 Tage	25,20 €	24 Tage
	6 000 Liter	210 Liter	5 472 €
	161 g Kupfer 69 g Zink	249 g Mehl 166 g Butter 83 g Zucker	600 g Mischung kosten 4,20 €

Test: Brüche 2 (Seite 39)

1	$2\frac{7}{15}$	$1\frac{7}{18}$	$1\frac{19}{60}$
	$3\frac{1}{4}$	$3\frac{17}{18}$	$13\frac{5}{12}$
	$\frac{1}{3}$	$\frac{5}{12}$	$\frac{19}{42}$
	$2\frac{1}{4}$	$\frac{19}{24}$	$1\frac{31}{48}$
	$\frac{6}{11}$	6	$\frac{6}{35}$
	$\frac{20}{63}$	$\frac{14}{33}$	$1\frac{25}{26}$
	$\frac{21}{32}$	$\frac{7}{8}$	$1\frac{5}{9}$
	1	$2\frac{2}{3}$	$15\frac{1}{6}$
	4	$9\frac{1}{5}$	$1\frac{1}{5}$

77

Test: Prozente (Seite 55)

1	W = 90 l	W = 97,5 kg	W = 68,39 cm
2	p% = 22 %	p% = 20 %	p% = 6,4 %
3	G = 150 cm	G = 129,03 €	G = 833,33 €
4	583,00 €	307,05 kg	24,57 €
5	Das Holz kostet insgesamt 780 €.	Das Fassungsvermögen der Regentonne beträgt 140 Liter.	Der Gesamtpreis beträgt 1 846,88 €.

Test: Flächenberechnung (Seite 71)

1	u = 12 cm A = 8 cm^2	u = 14,6 cm A = 12 cm^2	u = 126 cm A = 920 cm^2
2	u = 144 cm A = 1 200 cm^2	u = 26 cm A = 28 cm^2	u = 12 cm A = 7,77 cm^2
3	A = 900 mm^2 A = 11,25 cm^2	A = 15,6 cm^2 A = 812,5 cm^2	A = 5 cm^2 A = 7 cm^2
4	u = 15,7 cm A = 19,625 cm^2	u = 21,35 cm A = 36,3 cm^2	u = 52,75 cm A = 221,56 cm^2

Formelsammlung

Prozentrechnen: W = Prozentwert; p = Prozentsatz; G = Grundwert

Prozentwert: $W = G \cdot \dfrac{p}{100}$ Prozentsatz: $p = \dfrac{100 \cdot W}{G}$ Grundwert: $G = \dfrac{100 \cdot W}{p}$

Zinsrechnen: Z = Jahreszinsen, p = Zinssatz; K = Kapital

Jahreszinsen: $Z = K \cdot \dfrac{p}{100}$

Umfangberechnung und Flächenberechnung: u = Umfang; A = Fläche

Quadrat:

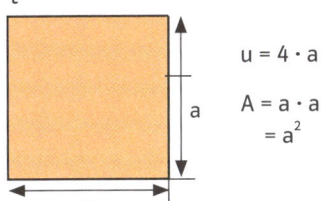

$u = 4 \cdot a$

$A = a \cdot a$
$\quad = a^2$

Rechteck:

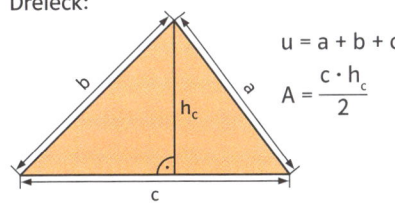

$u = 2 \cdot a + 2 \cdot b$

$A = a \cdot b$

Parallelogramm:

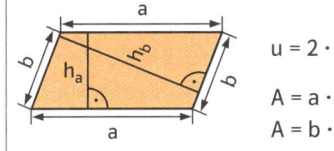

$u = 2 \cdot a + 2 \cdot b$

$A = a \cdot h_a$ oder
$A = b \cdot h_b$

Dreieck:

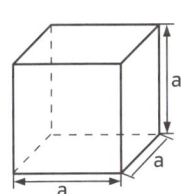

$u = a + b + c$

$A = \dfrac{c \cdot h_c}{2}$

Kreis:

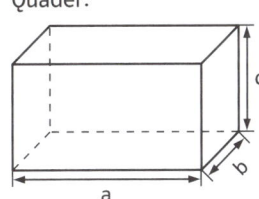

$u = \pi \cdot d$ oder
$u = \pi \cdot 2 \cdot r$
$A = \pi \cdot r^2$

Berechnungen an Körpern: V = Volumen

Würfel:

$V = a \cdot a \cdot a$
$\quad = a^3$

Quader:

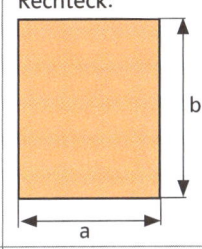

$V = a \cdot b \cdot c$

1. Auflage

1   13   12   11   10   9 | 29   28   27   26   25

Alle Drucke dieser Auflage sind unverändert und können im Unterricht nebeneinander verwendet werden. Die letzte Zahl bezeichnet das Jahr des Druckes.

Beratung: Christa Holoch, Christel Kaczmarczyk, Carola Keefer, Malte Hüsmert

Redaktion: Patrizia Schwarzer
Herstellung: Christine Guntrum

Illustrationen: Uwe Alfer, Waldbreitenbach; Thomas Binder, Magedeburg; dmz, Gotha; Guy Delcourt Production, Paris; Helmut Holtermann, Dannenberg; Hungreder Grafik, Leinfelden-Echterdingen; Gerlinde Keller, München; Christine Lackner, Ittlingen; Sandra Oehler, Remseck; Sven Palmowski, Barcelona; Franziska Rosentreter, Hamburg; Visual Design, Stuttgart
Satz: Satzkiste, Stuttgart
Reproduktion: Meyle + Müller, Medienmanagement, Pforzheim
Druck: Medienhaus Plump, Rheinbreitbach

Printed in Germany
ISBN 978-3-12-740340-4